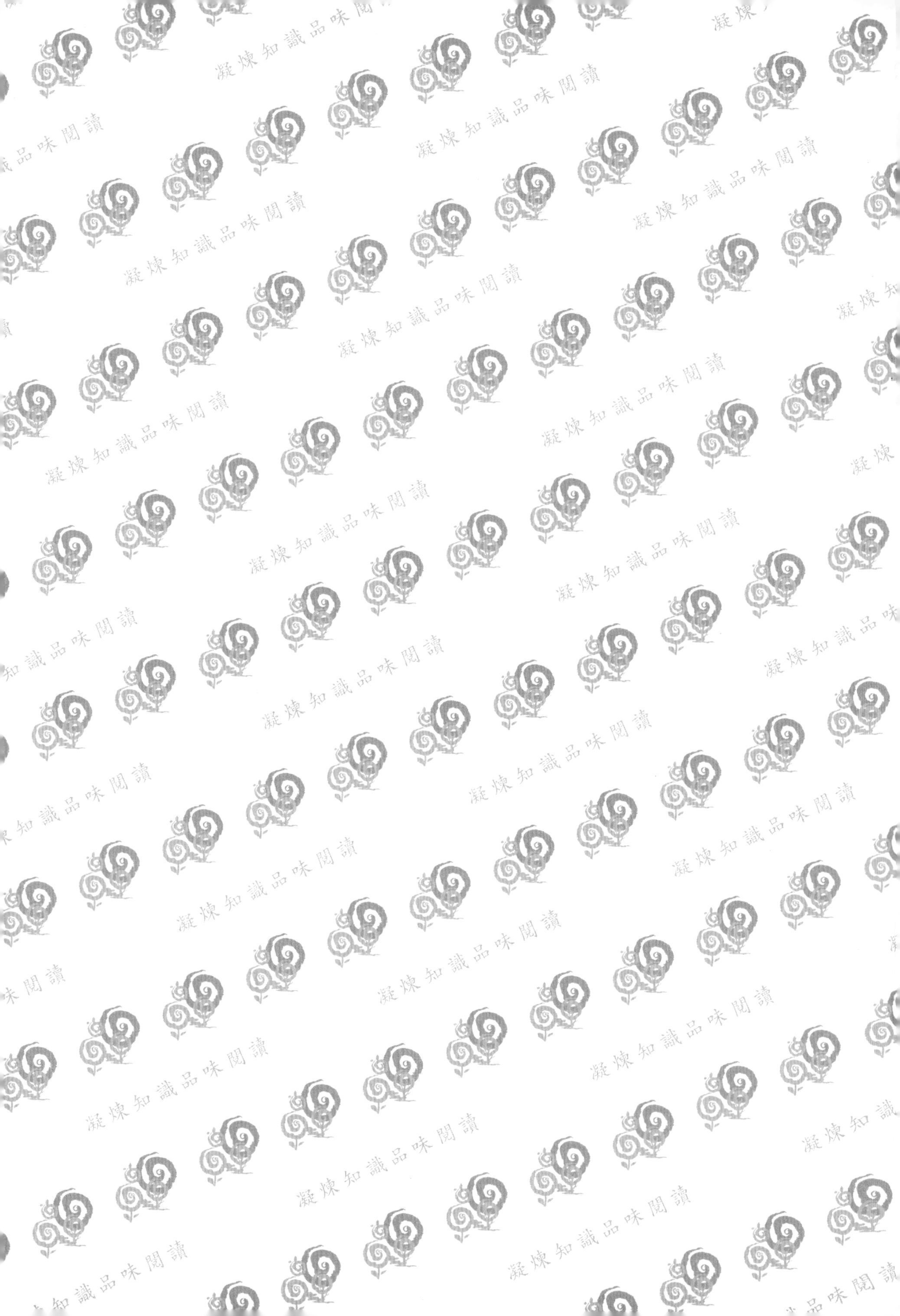

臺灣茶葉
感官品評實作手冊

農業部茶及飲料作物改良場 編著

五南圖書出版公司 印行

再版序

基於廣大的消費者及愛茶人士對於本書的喜愛及肯定，值此再版之際，特別邀集撰稿同仁再次檢視文章內容並加以增補與更新，期不負眾望。

本書再版有二個特點，一是對應著本場技轉感官品評初、中級的課程及講義內容，務求一致性，以避免讀者或相關學員於閱讀或參考時有所誤解；二是本書的英、日文版本同時問市，藉由本書外文版能為外國人士開啓瞭解臺灣茶的一扇窗及正確的學習道路，免除因語言及文化上的隔閡而失去認識臺灣茶文化的機會，更能借此確立臺灣茶的歷史地位及話語權。

完成本書校稿，正逢改制週年慶（原 121 週年）的規劃與籌備。本書付梓之前夕，謹以本書代表「傳承、創新、多元」的臺灣茶產業精神，不懼艱難與挑戰，勇往朝下一個雙甲子邁進，以此共勉。

農業部茶及飲料作物改良場　場長

蘇宗振 謹識

中華民國 113 年 7 月

序

臺灣優良茶比賽是茶產業之盛事，除藉由互相觀摩及交流學習以提昇製茶技術外，也具有帶動茶價提升與茶鄉經濟發展之意義。惟以人類的感官品評為主的評鑑過程中，仍會受到外在環境條件及內在評審人員的身心狀態影響，故如何降低影響因素，達到公正、公平、公開，是值得吾人深思之處。經查行政院農業委員會茶業改良場於民國 91 年（2002）出版「茶業技術推廣手冊－製茶技術」，其「茶葉品質鑑定」章節曾簡單介紹茶葉感官品評之外，坊間並未曾出版過茶葉感官品評專書。

本書係彙集茶業改良場茶葉感官品評人員多年實戰經驗及相關訓練課程講義，共同撰寫並更新茶葉感官品評相關資料及圖片，內容包含品評人員之個人素養、感官品評原理、茶葉感官品評之相關化學成分、流程、所需設備、常用評語及實務操作流程等，圖文對照且深入淺出，值得愛茶人士及對茶類品飲有興趣的人士以此為藍本，加上自身的飲食體驗，將書本內容與實物予以驗證，假以時日必能體會個中精髓。

基於比賽、競賽或評鑑等活動有其時間性或茶葉買賣時的品質與價格的對應，皆可在本書獲得相關有用的資訊；而透過書中臺灣特色茶風味輪的介紹，於個人品茗時，更能搭配自身的體驗，以自己的角度全新感受特色茶的香氣及滋味。

本書兼具科學理論、知識性及實用性的特點，適合提供品評人員、品管或研發人員、茶農及茶產業相關人員參考運用，鼓勵大家透過不斷的練習持續精進感官品評技能，讓您無論是單獨評鑑面前的一杯好茶，或是品評分級百點或千點以上之茶樣時，皆可從容應對。

農業部茶及飲料作物改良場　場長

蘇宗振 謹識

中華民國 110 年 9 月

目錄 | CONTENTS

01

緒論

文、圖／蘇宗振、邱垂豐、吳聲舜

（一）沿革

好茶如何品評分級？又如何科學地透過感官品評出一杯好茶？

從歷史上可見端倪，宋代民間盛行「鬥茶」，即今日之評茶比賽，評比項目有茶葉之形、色、香、味的高低，已具有茶葉評審的意義。至於國家標準部分，依據阮（2002）資料指出，於民國初年（1915）在浙江溫州地區出口茶葉執行檢驗，及至民國 34 年（1945）於上海、漢口、臺灣等地商檢局先後恢復茶葉出口檢驗；民國 47 年（1958）公布國家茶葉檢驗法（CNS 1009）共修訂 4 次，最近一次修訂爲民國 75 年（1986）。另自民國 36 年（1947）公佈國家茶葉標準（CNS 179），至民國 110 年（2021）共修訂 21 次（表 1-1），於民國 110 年（2021）最後一次啓動國家標準修訂，原因爲：

1. 農業部茶及飲料作物改良場（簡稱茶改場）依據茶類製程重新歸納臺灣特色茶之茶類，爲協助將知名臺灣特色茶類推廣至國際，擬將臺灣特色茶標準化，於「部分發酵茶」項下增列「條形包種茶」、「球形烏龍茶」及「東方美人茶」等臺灣具知名度之特色茶類，提升臺灣特色茶之能見度。
2. 爲解決近年來以普洱茶名稱進口茶葉所衍生之爭議，擬增列「後發酵茶類（普洱茶或黑茶）」及細分項，減少相關商品名稱認定之爭議。

何謂好茶？只要是適合自己口味的，即是好茶。所謂適合自己，是用人類的感覺器官加上日常飲食文化的習慣性印象，又因爲每個人的視覺、嗅覺及味覺不同，故生成自己獨特的一套感官邏輯及感受。

飲茶在東方已有五千年歷史，茶葉一般採用感官品評進行品質的分級，即由經過專業訓練的品評人員依靠視覺、嗅覺、味覺，即可判斷茶葉品質好壞。一般而言，只要通過一系列嚴謹的培訓課程及養成，隨時保持良好體能及感官能力的靈敏度，並在一個穩定的環境下，就能夠把茶葉的品質喝出來。茶葉感官品評長期以來都是用來評鑑茶葉品質與分級的重要方法，也是被茶業界所廣泛認同。臺灣的茶葉市場爲求作業時效（短時間內判定）及符合人們嗜好的特點（茶是給人喝的觀點），利用感官品評進行茶葉品質分級是實用的評鑑方式，而國際上也是多利用感官品評的方式來進行茶葉、咖啡或紅酒等品質分級。

▼ 表 1-1 國家茶葉標準修訂一覽表

修訂次數	修訂日期
第一次	48 年 09 月 07 日
第二次	49 年 05 月 06 日
第三次	50 年 05 月 26 日
第四次	50 年 12 月 14 日
第五次	51 年 07 月 12 日
第六次	52 年 11 月 28 日
第七次	57 年 08 月 07 日
第八次	59 年 01 月 29 日
第九次	59 年 12 月 21 日
第十次	60 年 10 月 14 日
第十一次	65 年 06 月 01 日
第十二次	66 年 06 月 16 日
第十三次	69 年 04 月 23 日
第十四次	72 年 08 月 10 日
第十五次	72 年 11 月 17 日
第十六次	75 年 10 月 24 日
第十七次	75 年 12 月 26 日
第十八次	77 年 12 月 25 日
第十九次	79 年 09 月 24 日
第二十次	100 年 11 月 15 日
第二十一次	110 年 12 月 07 日

（二）感官品評的運用

食物或加工食品的色香味是由多種複雜成分組成，無法以單一化學成分含量多寡來決定或評鑑其優劣或完整的描述該產品的品質。同樣的，由於茶葉是屬於加工食品且爲嗜好性產品，其化學組成複雜，在尚未有一套完整的檢測儀器設備前，現階段由人類的感覺器官來進行外觀形狀、色澤、水色、香氣、滋味及各風味間之和諧性與平衡性，並能快速、綜合性地評定茶葉品質與分級是非常重要且實用的技術。依據茶改場綜合歸納優點如下（廖和楊，1994；阮，2002）：

1. 能快速評鑑茶葉形、色、香、味的優劣。
2. 能敏銳地判別出茶葉品質異常現象。
3. 不需花費大量資金購置精密儀器，僅需簡易設備，業者容易負擔。

運用人類的感覺器官評鑑茶葉品質優劣是一個重要的方法，其具有快速、全面及準確等特點，加上品評人員具備豐富的茶學知識（包括茶葉的生產環境、氣候條件及製茶加工工藝等）和品評經驗，即可勝任茶葉品評的工作。

有鑑於人類的感覺細胞終究不是儀器，有其時間及感測上的極限，甚至出現疲勞現象；是故，不同的感官品評人員或同一個感官品評人員在不同生理及環境下，即使是同一個茶樣，仍存在差異；所以，必須建立一套明確的規範來進行評鑑，才能達到公平公正公開。是故，培養一名茶葉感官品評人員須有長期的訓練，且必須要有相當實務經驗累積，才能得到可靠的評鑑結果。

（三）感官品評的科學依據

運用感官品評作為臺灣優良茶分級評鑑，除自民國 64 年（1975）起在全國各茶區舉辦的比賽茶場次皆需借重此等專業人才外，尤其在產業界（商用茶、製茶廠、茶行、手搖飲料茶店）在採購與研發人員上更是把關原料品質及末端產品的重要基本能力。茶葉比賽的品評人員應具備對臺灣各地區的特色茶的正確認識，並對該茶類的水色、茶湯的香氣滋味、葉底等，更應確切的掌握。當化學檢測儀器設備尚無法綜合判定複雜的香氣滋味等成分時，運用人類最可靠的感官器官即是最佳的選擇，其理由如下：

1. 具驗證性（醫學及科學）：

感官，簡單的說就是人類的感覺器官，即身體的感覺器官受到外界刺激而出現相對應的感覺，例如正常人類鼻腔內有數以百萬計的嗅覺受體，大致可分辨出近 1 萬種不同的氣味（Oktar, 2003）；而感受味覺的主要是味蕾，一般由 50 ～ 150 個味覺細胞構成，味覺細胞表面有許多感受分子能與不同物質結合而呈現不同的味道。依據茶改場研究指出，一般人依賴感官分析即可快速而準確地辨別出不同的茶類，但綜合 15 種茶葉的化學成分分析之結果並未能完全顯示出綠茶、文山包種茶、烏龍茶及東方美人茶等其間不同（蔡等，2000）。

2. 具學習性：

藉由學習，可訓練及記憶口腔中茶葉香氣及滋味，例如經鼻腔上端之嗅覺區來評鑑香氣及利用舌頭來感應味覺，最後再以視覺來檢視葉底的色澤與茶芽，以判定老嫩、均一性等。感官品評人員的養成，除了課堂的茶學知識及術科測驗合格外，必須要有一段時間的臨場經驗，以獲取實務執行面的訣竅。茶改場自民國 105 年（2016）開始推動茶葉感官品評的推廣教育，並訂定一套完整的培訓方式，感官品評人員由初級、中級、中高級、高級及特級，共分爲五級，每一級通過學術科測驗合格者，核發合格證書（圖 1-1）；各級別能力指標爲，初級品評員主要是鑑定其感官靈敏度及茶類基本知識，可分辨酸、甜、苦、鹹四種味覺及不同臺灣特色茶類、風味輪及茶區；中級品評員具有基本茶葉評鑑工作經驗（如評茶杯組擺放、秤茶、取樣、沖泡、記錄等工作）及能夠分辨各茶葉類別中的茶葉種類及品種；中高級品評員能夠了解茶葉形狀、色澤、有無雜物、純淨度、香氣和喉韻的持久性、滋味與品質、葉底開展度及均一性等特性，進而能夠鑑定各類茶葉品質優劣等級，並能獨立自主進行茶葉品質評鑑初評作業；高級品評師能夠自主進行茶葉品質評鑑作業，並能描述茶葉採摘方式、茶樹品種及茶葉品質特色，及處理品質評鑑相關爭議事項；特級品評師能夠整合茶葉品評專業知識與技術，獨立完成茶葉品質評鑑作業，並分析茶葉品質特性及影響茶葉品質的各種因素，包含栽培、製造、季節、海拔、茶區等，及進行茶葉研發、創新與解決問題，提高茶葉品質和生產效益。爲培訓感官品評人員的實務經驗，於取得茶葉感官品評中高級以上的品評人員，則具有參與或擔任各場次比賽茶評審委員的資格，藉以增加歷練及臨場感。

茶葉感官品評專業人才能力鑑定合格證書
Certificate for Professional Talent of Tea Sensory Evaluation

茲證明下列應試者參加農業部茶及飲料作物改良場舉辦之「茶葉感官品評專業人才能力鑑定」考試，達到鑑定項目的授證標準。

This is to certify that the examinee has passed the indicated level of the Certification for Professional Talent of Tea Sensory Evaluation held by Tea and Beverage Research Station, MOA.

姓　名：王○○
Name：○-○ Wang
身分證字號 ID No.：A123456789
生　日 Date of birth：1999.09.09
鑑定等級：初級
Certification level：Elementary
證書號 Certificate No.：E0123-2023

農業部茶及飲料作物改良場
場長
○○○

發證日期 Date of issue：2023.08.24

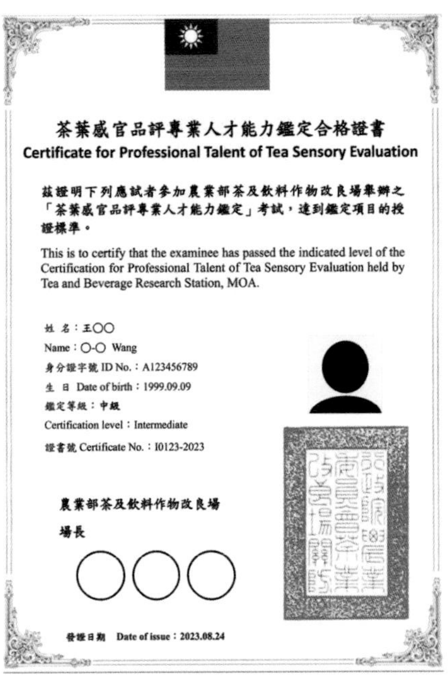
茶葉感官品評專業人才能力鑑定合格證書
Certificate for Professional Talent of Tea Sensory Evaluation

茲證明下列應試者參加農業部茶及飲料作物改良場舉辦之「茶葉感官品評專業人才能力鑑定」考試，達到鑑定項目的授證標準。

This is to certify that the examinee has passed the indicated level of the Certification for Professional Talent of Tea Sensory Evaluation held by Tea and Beverage Research Station, MOA.

姓　名：王○○
Name：○-○ Wang
身分證字號 ID No.：A123456789
生　日 Date of birth：1999.09.09
鑑定等級：中級
Certification level：Intermediate
證書號 Certificate No.：I0123-2023

農業部茶及飲料作物改良場
場長
○○○

發證日期 Date of issue：2023.08.24

圖 1-1　茶葉感官品評專業人才能力鑑定合格證書（範本）

3. **具規範性：**

為達到一致性，茶樣的沖泡參考國際標準 ISO 3103-2019（E）所規範的標準，以達公平公正公開。另在實際評鑑品評時，一般採用標準比較法來進行品質分級（蔡，2008）。

（四）未來發展

目前世界各國對茶葉品質的評鑑及茶葉的分級與價格訂定，都靠感官品評，但因感官品評結果仍受個人主觀因素和外界環境因素影響甚大。近年來，隨著現代精密儀器分析技術的發展，運用化學檢測儀器及方法用於檢驗茶葉品質成分的含量及組成分，進而連結到分析茶葉的色香味品質的理化檢測，或許可開發設計成智慧型茶葉品評專家系統，倘再結合傳統茶葉感官品評，將可為茶葉品質控制與評鑑提供一種更為快捷、客觀、公正的方法。

參考文獻

1. 阮逸明。2002。茶葉品質鑑定。茶業技術推廣手冊－製茶技術。行政院農業委員會茶業改良場編印。
2. 廖文如、楊盛勳。1994。茶葉官能品評能力與個人特質之相關研究。臺灣茶業研究彙報 13。
3. 蔡永生、張如華、林建森。2000。臺灣現有產製茶類主要化學成分含量之分析與判別。臺灣茶業研究彙報 19。
4. 蔡志賢。2008。比賽茶與咖啡感官品評比較。第五屆海峽兩岸茶業學術研討會。
5. ISO 3103. 2019. Tea－Preparation of Liquor for Use in Sensory Tests. BSI Standards Publication
6. Oktar, A. 2003. The Miracles of Smell and Taste. Global Publishing.

02

品評人員的素養、職業道德與倫理

文／林義豪

圖／林義豪、賴正南

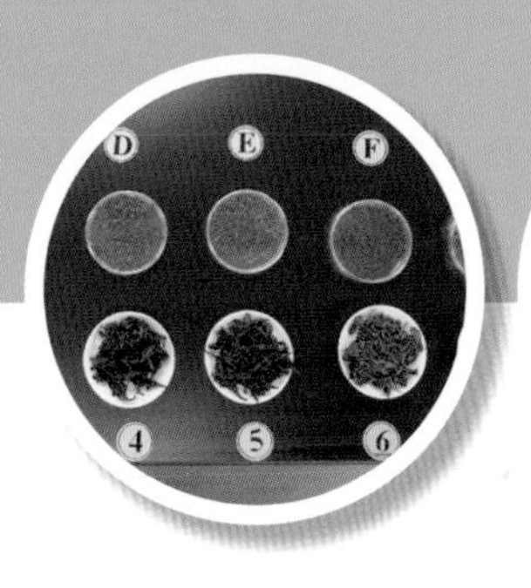

（一）前言

茶為臺灣高經濟價值及高產值的特用作物，曾為農業部外銷四大旗艦產品之一，是臺灣的重要產業。要發展臺灣茶業，除了要生產高品質的茶菁並製作優質的茶葉，更需要由具專業能力之茶葉感官品評人員進行品質的把關，才能確保消費者可安心喝到高品質的茶葉。

（二）品評人員應具備的個人素養

1. 敬業精神

敬業精神是人們基於對一件事情或一種職業的熱愛，而產生的一種全身心投入的精神，是社會對人們工作態度的一種道德要求。敬業精神是一種基於摯愛的基礎上對工作或對事業全身心忘我投入的精神境界，其本質就是奉獻的精神。要培養敬業精神，必須讓自己樂在工作，工作如果不快樂，就不會有敬業精神。因為工作如果不快樂，工作就會成為重擔、成為苦惱、成為折磨，工作態度就會愈來愈消極，就不可能會有敬業精神。

例如，若上班工作只是為了賺一份薪水，就較不容易有敬業精神。如果只是想到一分錢、一分貨，拿多少錢做多少事，自己一點也不會想多做些事，又豈會有敬業精神。但是如果人發現自己的工作其實是很有意義與價值的，那麼工作起來就會很帶勁。

2. 工作態度

著名的美國心理學家馬斯洛曾說：「觀念（態度）改變行為，行為養成習慣，習慣塑造性格，性格決定命運。」對待工作的態度，是一個職業道德問題。來自哈佛大學的一項研究發現，一個人的成功中，需具備積極、主動、努力、毅力、樂觀、信心、愛心、責任心等，這些積極的態度因素占 80 %。無論選擇何種領域的工作，成功的基礎都是人的態度，也可以這麼說：態度決定結果。

品評人員應具備的工作態度，必須包含主動積極、正直誠實、自我管理、謹慎細心、追求卓越、勇於挑戰、自我提升、團隊意識、壓力容忍、耐心毅力、自信心及有彈性等正向的態度。

3. 身體能力

品評人員的身體感官五覺，包含視覺、嗅覺、味覺、觸覺及聽覺，如同實驗室內的檢測儀器，正所謂「工欲善其事，必先利其器」，感官必需正常敏銳，方能感知分辨茶葉的品質特性及差異。此外，好的品評人員頭腦思緒也需要清晰，且須具備良好的記憶力、專注力及體力，方能勝任複雜的茶葉評鑑工作。

4. 專業技能

要成爲一個優秀的品評師，光有敬業精神是不夠的，還需具備專業技能。因著熱愛此份工作，品評員可透過努力的學習不斷提升自己的知識、經驗與技能。評茶方法可以透過講授習得，但評茶能力的精進則必須自行經常磨練方能達成。如果長期堅持，即便不是資質過人，也能「鐵杵磨成繡花針」，熟能生巧，訓練出專業的評茶技能，眞正成爲一名優秀的品評師。亦期望對評茶有興趣的朋友們，持續不斷的磨練以增強評茶技能，茶農朋友若對自製的茶葉有評鑑其優劣的能力，更可因而改進其製茶技術，提高茶葉品質，增加收益。

品評人員的專業技能涵蓋範圍很廣，其中包含茶樹生理學（茶樹栽培與生理學）、茶樹生態學（茶樹病蟲害與安全用藥）、茶葉製造學、茶葉化學、茶葉感官品評技術，同時需熟悉其它對茶樹品種、產地、季節、天候、加工、烘焙、拼配、包裝、貯存等豐富茶葉科學知識、技術與相關實務經驗。

（三）品評人員的職業道德與倫理

1. 忠於職守，熱忱敬業

忠實履行自己的職責，負責認眞，熱愛自己的工作崗位，努力培養對自己所從事工作的熱忱、幸福感與榮譽感。

2. 講究科學，不斷進取

具備科學嚴謹的態度，客觀準確判斷茶葉品質，並不斷提升自身茶葉相關知識及訓練評茶技巧，精益求精。

3. 明察秋毫，實事求是

茶葉品質鑑定雖是評審人員主觀的認定，但仍有其一定的客觀標準，應尊重客觀事實，不受外界（個人）因素的干擾，排除強烈的好惡傾向，評定其該有的品質等級，同時仔細調查研究，避免主觀想像武斷下結論。

4. **團結共事，彼此尊重**

評審間需要尊重彼此的意見，要相互交流與學習，資淺的向資深的品評人員虛心請教，相互切磋茶葉品評技術。

5. **遵守法紀，清廉公正**

注重自律，講究公正、公平、公開，清廉高潔，有節操，行爲端正，拒腐敗，不貪汙，不徇私，不謀私利，具備公信力。

6. **健康生活，潔身自愛**

維持最佳身體狀態與良好生活習慣，節制菸、酒、檳榔等刺激性嗜好，無吸食煙毒、奢侈放蕩及冶遊賭博等不良癖好，避免有損失名譽之行爲。

（四）茶葉評鑑時應注意事項

1. 品評時不抽煙，不喝酒，避免吃味道濃烈，如大蒜、洋蔥、檳榔等食物。
2. 品評時不可有異味干擾，如香水、清潔劑、化妝品等。
3. 品評環境應儘量維持乾淨與寧靜，不宜髒亂、喧嘩、吵雜影響評審的專注力。
4. 品評時不喧嘩，言談心平氣和，心無旁騖而專注。
5. 評審團隊應有良好的默契與分工，以提高品評的效率，並且藉由相互提醒與討論可彌補個人的不足與缺失。

（五）品評人員的基本條件

1. 對工作有興趣、愛好，無偏見，具備實事求是、認眞的工作態度。
2. 具備較高的道德修養。
3. 養成良好的個人衛生習慣。
4. 身體不適時（如感冒等）或情緒不穩定時，需停止品評工作。

（六）品評人員篩選應注意事項

1. 身體狀況健康（感官）正常者：無色盲、鼻竇炎及傳染病。
2. 性別不拘。
3. 年齡不宜過高，因一般人的感官靈敏度會隨年齡增長而退化。
4. 常持己見、偏見及不合作者應剔除。
5. 避免常缺席者。
6. 避免嗜菸、酒及檳榔者。
7. 避免濃妝者。

參考文獻

1. 阮逸明。2002。茶葉品質鑑定。茶業技術推廣手冊－製茶技術。行政院農業委員會茶業改良場編印。
2. 楊亞軍。2009。評茶員培訓教材。金盾出版社。
3. 廖文如、楊盛勳。1994。茶葉官能品評能力與個人特質之相關研究。臺灣茶業研究彙報 13。
4. 魯成銀。2015。茶葉評審與檢驗技術。中央廣播電視大學出版社。

感官品評原理

文／賴正南

圖／賴正南、郭芷君

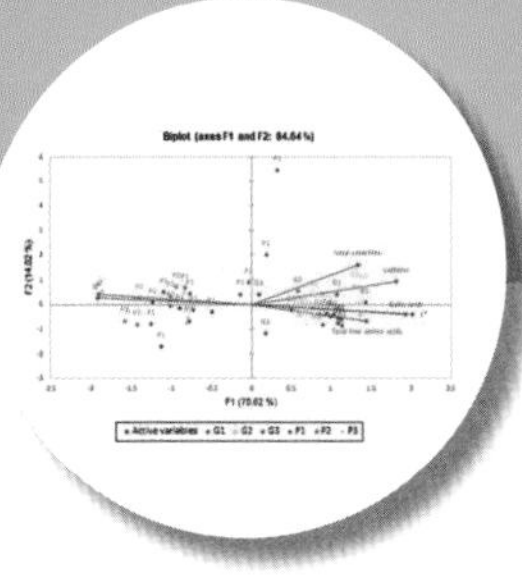

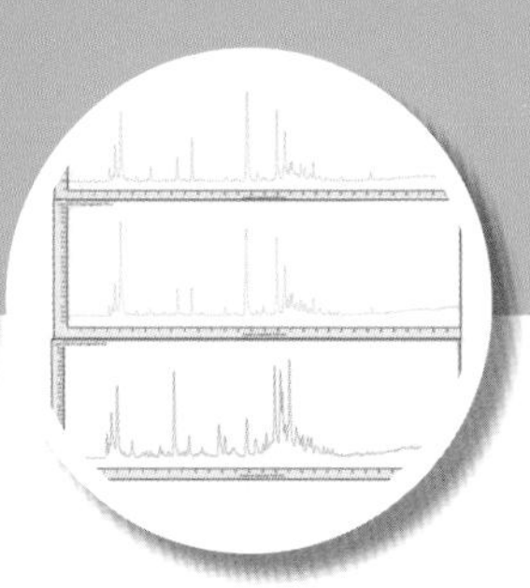

（一）前言

人類對自然界的感覺可以分為視覺、聽覺、觸覺、嗅覺和味覺。嗅覺和味覺屬於化學感覺的範疇。1950 年代以前，學術界往往將嗅覺和味覺混為一談，有時還將味和香味錯誤地劃分為一類。隨著人類對生理學和生物學廣泛而深入的研究，使我們認識了嗅覺和味覺在解剖學、生理學以及心理學上的差異，因此，我們不再將這兩種感覺混在一起（小，2014）。

享用茶葉是一種並不複雜的樂趣！因為茶葉本身具有優雅的香味，且身心可經常不自覺感受到其絕妙的魅力。但是許多飲茶者常問到茶葉如何具有如此驚奇魅力的特質，及應該如何評鑑分辨各類茶葉的差異選用最滿意的茶。基於本書屬性及篇幅限制，以下僅就味覺生理及嗅覺生理概念來簡述如何及為何評鑑茶葉。

（二）味覺生理

味覺對於生命具有重要作用，在一定程度上確定了動物對食物的選擇。動物通過味覺系統來評價食物的營養價值，並防止攝入對人體不利的物質。儘管組成物質的成分有多種，但現在普遍認為都是 5 種基本味覺組合，它們分別是酸味、甜味、苦味、鹹味和鮮味（陳等，2010）。

不同的味覺在人的生命活動中有下列信號的作用：

1. 甜味是需要補充熱量的信號。
2. 酸味是新陳代謝加速和食物變質的信號。
3. 鹹味是幫助保持體液平衡的信號。
4. 苦味是保護人體不受有害物質危害的信號。
5. 鮮味則是蛋白質來源的信號。

味道是食品感官評定中的重要指標。從古代的「神農嚐百草」到如今經過特殊訓練的品評專家對食品味道的評價，人類的味覺系統在其中都有決定性的作用（王興等，2016）。藉助茶葉感官訓練，可以排除品評誤差，並通過訓練有素的品評人員對茶湯滋味因素進行感官評分。一般對茶葉滋味評鑑僅用感官評語描述或用滋味評分大致評價，它適用於茶葉產銷定價及品質優次評價。滋味是消費者判斷食品品質以及購買與否的重要指標，良好的滋味可使食品更加可口。傳統理論認為酸、甜、苦、鹹和鮮是食品中的 5 種基本味感，可賦予產品不同口味。茶葉滋味是由呈味物質的含量組成及相互配比共同決定的，一般認爲茶葉滋味的鮮味、苦澀味和甜味分別來自游離胺基酸類、咖啡因、兒茶素類及可溶性糖類等主要呈味成分，茶葉滋味類型主要由這些成分的配比決定。此外，茶葉的滋味特徵也是多種呈味物質綜合反映的結果，它們之間存在協同性與制約性，一種物質的增多或減少會引起其他物質滋味特徵強度的變化，例如多糖類物質可降低多酚類的苦澀味（Lindemann, 2001；張等，2020；陳等，2014）。

風味（flavor）是飲品的重要生命線，其特徵會直接影響產品的市場競爭力，是影響消費者選擇的重要品質指標。風味主要包括聞到的香氣（aroma）、嚐到的口味（taste）及感覺到的口感（mouthfeel），其中香氣、口味是由一種或幾種風味化學物質刺激嗅覺受體或味覺受體產生。口感是飲品與口腔、牙齒、牙齦等的接觸感覺，由觸覺受體產生，受物質本身及物質間交互作用的影響，是飲品的一種綜合感覺（劉等，2019）。DeMiglio 等（2002）將「口感」（mouthfeel）定義爲「以口腔中的觸覺反應（tactile response）爲特徵的一組感覺」，而不是指辛辣的感覺（sapid sensations）。

張等（2019）結合茶葉滋味屬性的具體特徵，將其分爲濃度味型、感覺味型、特徵味型等 3 類，其中「感覺味型」（mouthfeel）是指人在品嚐茶湯時口腔及味蕾能感受到的物理刺激，屬於物理感覺，可分爲厚、薄、滑、糙、澀 5 種。王楠等（2016）指出從味覺的生成機制來看，傳統基本五個「口味」（basic taste）是由呈味物質與舌頭上的味覺細胞作用產生刺激，然後通過味覺神經、鼓索神經、舌咽神經傳導到大腦產生的。人們對澀感形成的機理所知甚少，澀感普遍被認定爲是一種觸覺，乃口腔上皮細胞接觸到澀味（astringency）誘發物質時，所感受到的一種皺縮、拉扯或縮攏的複雜口腔感受，唾液中引發澀味的主要蛋白質爲一群富含脯胺酸的蛋白質。施等（2014）研究顯示茶湯中會導致澀味的物質有兩大類，即兒茶素類和黃酮醇配醣體（flavonol glycosides，或稱黃酮醇糖苷類），後者所能引起的澀味程度是前者的 100 ～ 1,000 倍，然而，兒茶素類的含量遠高於黃酮醇配醣體，故飲茶時感受到的澀味應當由兒茶素與黃酮醇配醣體的加成效果所造成。此外，兒茶素類成分中，酯型兒茶素類較非酯型兒茶素的澀度高，所以酯型與非酯型兒茶素的含量比例也會影響茶湯的相對澀度。

在舌頭上有四種不同類型的乳突（papillae）：絲狀、菌狀、葉狀和輪廓。其中，非味覺乳突（絲狀乳突）負責口感，呈毛狀或刷狀，數量最多且缺乏味覺受體，這就是爲什麼它們被認爲在機械感知中發揮重要作用的原因。唾液是與口感有關的另一個主要生理成分，「口感感知生理學」也是目前一個非常活躍的研究領域（Laguna et al., 2017）。味覺終端受體是味蕾（taste buds），味蕾分布在舌頭上的乳突內、舌的底面和口腔內咽部、軟齶等處，是一種橢圓形的結構。味蕾由味覺受體細胞（taste receptor cells, TRCs）、支持細胞和底細胞組成，每個味蕾包括 50 ～ 100 個味覺受體細胞，形狀類似洋蔥或橘瓣，頂端有味纖毛（microvilli），集合形成味孔與外界味覺物質直接接觸發生相互作用。味蕾對各種味的敏感程度也不同，人分辨苦味的本領最高，其次爲酸味，再次爲鹹味，而甜味則是最差的。味蕾中有許多受體，這些受體對不同的味道具有特異性，比如苦味受體只接受苦味配體。當受體與相應的配體結合後，便產生了興奮性衝動，此衝動通過神經傳入中樞神經，於是人便會感受到不同性質的味道（佚名，2014；李等，2005）。

每一個人味蕾分佈的規律可能有一些小小的不同，除了味蕾以外，舌和口腔還有大量的觸覺和溫度感受細胞，在中樞神經內，把感覺綜合起來，特別是有嗅覺參與，就能產生多種多樣的複合感覺，及判斷出食物的品質和風味（佚名，2014；林，2010）。

舌頭對於茶湯香味評鑑的能力亦是有限，舌頭上有味道感覺受體－味蕾，只能區別五種基本味道－酸味、甜味、苦味、鹹味和鮮味，但是每一種味道在舌頭上都有特定感應區嗎？這就是人們常說的「味覺地圖」或「舌頭地圖」（tongue map 或 taste map），這種說法流傳幾十年，直到 1970 年代才被徹底推翻。其實每個味蕾中含有感受 5 種味覺的細胞的比例不同，使得舌面不同區域對五味感受閾值上存在差別，舌頭上有味蕾的區域都能對所有味覺進行靈敏的分辨，不存在「各司其職」的說法，比較正確的說法是：舌尖對甜味比較敏感，舌根對苦味比較敏感，而舌頭兩側則對酸味和鹹味比較敏感，舌頭中央則對鮮味比較敏感（小，2014；賴，1997）。

（二）嗅覺生理

人又是如何評鑑茶湯以及在何處器官評鑑？答案是位在鼻腔上端的嗅球（olfactory bulb）。嗅球是由數千個嗅覺受體（每個受體均對特定的一種特定香氣或各類香氣敏感）所組成，藉由鼻孔及口腔後部的「鼻咽通道」（retronasal passage）均可通達到這些受體，也正是在此處評鑑茶湯特有香氣的濃度與特質。一般人的嗅覺受體分辨數千種不同香氣的能力相當高，既使香氣濃度小至數十 ppm 亦可感受、分辨及記憶，這也是爲何只要啜飲一小口特定的茶便能迅即記起數年前喝茶的情況。茶湯中基本的特性是當飲熱茶湯時由「香氣」所感受到，藉由鼻咽通道及鼻腔呼氣過程中，部分汽化（vaporization）的香氣便會被嗅球感受到（賴，1997）。

而嗅覺系統又是如何運作的？就必需感謝二位美國科學家，因爲他們一系列的開創性研究闡明了我們的嗅覺系統是如何運作的。2004 年諾貝爾生理醫學獎得主艾克塞（Richard Axel）及巴克（Linda A. Buck）發現人類的嗅覺受體基因大約有 1,000 種。每一個嗅覺細胞上只會表現一種嗅覺受體，每一種嗅覺受體只能被固定幾種氣味分子活化，嗅覺細胞的訊息也只會匯集到嗅球（大腦的初級嗅覺中樞）內相同的嗅小球（glomerulus）。藉由「氣味分子－嗅覺受體－嗅覺細胞－嗅小球」的專一性對應，就能將嗅覺細胞對氣味分子的專一性保存下來。所以鼻子究竟是如何分辨各種氣味？用科學的說法解釋如下：嗅覺受體也就是氣味受體，具有傳導嗅覺信號的作用，當氣味分子與嗅覺受體分子結合後，即可產生相應動作電位，嗅神經元把動作電位傳遞至大腦嗅球中被稱爲「嗅小球」的微小結構，修飾、編碼後，經過嗅球的輸出，神經元把嗅覺信號傳遞到大腦皮層，在大腦皮層能夠對不同的氣味進行識別（林，2012；韓等，2018）。

嗅球是嗅覺傳導通路中的中轉站，負責嗅覺資訊的傳導與處理，嗅球體積與嗅覺功能有關聯，體積變化可以反映嗅覺系統的功能狀態。隨年齡的增長，男性嗅球體積逐漸減小；不同於男性，女性嗅球縮小幅度較小，且在老年組體積略有增大；各年齡組左右兩側嗅球體積之間無差異（孟等，2020）。

至於評鑑茶湯時如何運用嗅覺感受呢？可利用以下專業評鑑者所使用的方式經常地練習：當茶湯降溫至可取之含入口中時，以湯匙取用約 1 / 2 匙量的茶湯放在舌頭上約 2 秒，再迅即啜吸（slurp），即以大約每小時 130 公里的速度將茶湯傳送到口腔的後部及將它汽化，接著由鼻孔呼出口腔中的茶葉香氣；在呼出香氣之際專注於茶湯及嗅覺的體驗，此種方式稱爲「鼻後嗅覺」（retronasal olfaction）（賴，1997）。眾多研究亦顯示，食物中高達 80 ～ 90 %的味道來自於「鼻咽通道」的嗅覺體驗。另一種直接用聞的方式感受到茶葉香味的方式稱爲「鼻前嗅覺」（orthonasal olfaction），但是最好是用「嗅探」（sniffing）的方式用力吸 2 下，因爲鼻腔嗅覺功能的傳導過程可以狹義地理解爲氣流攜帶氣味分子到達「嗅區」攝入黏膜的過程，鼻腔氣體的流動形式分爲兩種：層流（laminar）和渦流／湍流（turbulent），其中渦流呈旋渦狀，可增加氣體與鼻腔黏膜之間的相互力量，可能影響到嗅覺的形成過程。研究發現嗅區和鼻瓣區域的結構（鼻腔內有突入的骨性結構－上、中、下鼻甲）對於流經嗅區的氣流形式影響很大，從而影響通過嗅區的嗅覺傳遞（魏和李，2017；Spence, 2015；Zhao et al., 2006）。換言之，平靜吸氣時氣流經前鼻孔進入鼻腔，只有一小部分向上達鼻腔頂部，進入嗅區，完成嗅覺功能；其餘則大部分呈拋物線狀至下鼻甲的後部及鼻咽部（Ishikawa et al., 2006）。

在做茶葉評鑑時，最好是用熱茶湯，其溫度應是口腔所能忍受的，因爲如此才儘可能促使茶湯中許多香味成分蒸發出來，並使得這些香味成分的共沸混合物（azeotropic mixture，指具有固定最低沸點的液體混合物）能經由嗅球傳送散發茶湯完整的香味（賴，1997）。

參考文獻

1. 小妖。2014。味覺的意味。科學家 5。
2. 王楠、柴國璧、王丁眾、姬淩波、趙無垛、崔凱、宗永立、范武、劉俊輝。2016。澀感物質及澀感轉導機制。化學通報 79(12)。
3. 王興、龐廣昌、李陽。2016。電子舌與眞實味覺評價的差異性研究進展。食品與機械 32(1)。
4. 佚名。2014。味蕾。A+ 醫學百科 2014 年 7 月 11 日。取自 http://cht.a-hospital.com/w/%E5%91%B3%E8%95%BE
5. 李燕、劉清君、徐瑩、蔡華、秦利鋒、王麗江、王平。2005。味覺傳導機理及味覺晶片技術研究進展。科學通報 50(14)。
6. 孟岩、邢園、龔龍崗、麻少輝、郭晨光。2020。正常成年人嗅球體積測量的 MR 研究。中國耳鼻咽喉顱底外科雜誌 26(1)。

7. 林天送。2010。嗅覺與味蕾－受體的新發現。科學發展 445。
8. 林怡文。2012。一「嗅」萬千的巧妙。科學人電子報 2012/01/13 第 267 期。取自 https://www.ylib.com/epaperhistory/scientificEpaper/20120113-index.htm
9. 施毓恩、劉美君、林昱至、曾志正。2014。喝茶澀味的分子機制與科學檢測茶澀度的技術發展。農林學報 63(2)。
10. 陳大志、葉春、李萍。2010。味覺受體分子機制。生命的化學 30(5)。
11. 陳美麗、唐德松、龔淑英、楊節、張穎彬。2014。綠茶滋味品質的定量分析及其相關性評價。浙江大學學報（農業與生命科學版）40(6)。
12. 張翔、陳學娟、杜曉、聶樅甯、王聰明。2020。蒙頂甘露茶滋味特徵及主要呈味成分貢獻率分析。雲南大學學報 42(4)。
13. 張穎彬、劉栩、魯成銀。2019。中國茶葉感官審評術語基元語素研究與風味輪構建。茶葉科學 39(4)。
14. 劉佳、黃淑霞、餘俊紅、胡淑敏、楊朝霞、黃樹麗、張宇昕。2019。基於電子舌技術的啤酒口感評價及其滋味資訊與化學成分的相關性研究。食品與發酵工業 45(2)。
15. 賴正南譯。1997。如何品鑑茶葉。茶訊 727。（Todd, B., 1996）
16. 韓彥琪、許浚、龔蘇曉、張洪兵、張鐵軍、劉昌孝。2018。基於味覺、嗅覺受體分子對接技術的中藥性味物質基礎研究的路徑和方法。中草藥49(1)。
17. 魏君、李琳。2017。鼻腔氣流動力學研究進展。臨床耳鼻咽喉頭頸外科雜誌 31(8)。
18. DeMiglio, P., Pickering, G. J., and Reynolds, A. G. 2002. Astringent sub-qualities elicited by red wine: The role of ethanol and pH. In Paper presented at the proceedings of the international Bacchus to the future conference, St Catharines, Ontario.
19. Ishikawa, S., Nakayama, T., Watanabe, M., and Matsuzawa, T. 2006. Visualization of flow resistance in physiological nasal respiration: Analysis of Velocity and Vorticities Using Numerical Simulation. Arch Otolaryngol Head Neck Surg. 132(11).
20. Laguna, L., Bartolomé, B., and Victoria Moreno-Arribas, M. 2017.

Mouthfeel perception of wine: Oral physiology, components and instrumental characterization. Trends in Food Science & Technology 59.

21. Lindemann, B. 2001. Receptors and transduction in taste. Nature, 413(6852).
22. Spence, C. 2015. Multisensory Flavor Perception. Cell 161.
23. Zhao, K., Dalton, P., Yang, G. C., and Scherer, P. W. 2006. Numerical Modeling of Turbulent and Laminar Airflow and Odorant Transport during Sniffing in the Human and Rat Nose. Chem. Senses 31.

04

茶葉感官品評之相關化學成分

文／郭芷君

圖／郭芷君、黃宣翰

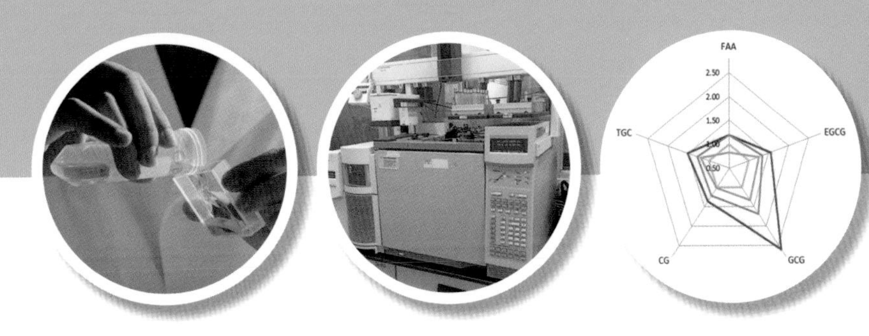

（一）茶葉化學成分

茶葉的成分自採摘下來的茶菁、製成不同發酵程度的茶葉、乃至沖泡後的茶湯，其成分含量皆有所不同。茶菁其受到茶樹品種、產製季節、栽培管理方式及氣候土宜等因素的影響，成茶則又受到了製茶加工方式的影響，而茶湯則會受到沖泡方式，例如沖泡水溫、水質、浸泡時間及沖泡器皿等的影響。

茶葉於感官品評時所感受到的香氣與滋味，來自於茶葉經過沖泡後，溶解於茶湯中的成分，而這些成分稱之爲「可溶性成分」，茶葉的可溶性成分約占成茶乾重的 20 ～ 40 %，包含化學成分及揮發性有機化合物（volatile organic compounds），其中其多元酚類（polyphenols）約占乾重的 10 ～ 30 %、咖啡因（caffeine）約 2 ～ 4 %、游離胺基酸類（free amino acids）約 2 ～ 4 %、礦物質類（minerals）約 4 ～ 6 %，其他可溶性成分則包含揮發性有機化合物、糖類、黃酮醇類（flavonols）、皂素（saponin）、水溶性維他命及水溶性纖維等，又兒茶素類爲茶湯中最主要的多元酚，約占總多元酚類的 80 %；茶胺酸（theanine）則爲茶湯中最主要的胺基酸，約占總游離胺基酸的 50 ～ 60 %左右（甘，1984）。

（二）化學成分對滋味的影響

1. 澀味

許多文獻指出茶湯澀味的來源爲兒茶素類（catechins）、黃酮類（flavones）、黃酮醇（flavonols）及其糖苷類，兒茶素類可引起口腔皺縮的澀味和粗糙的口感（張等，2015），黃酮類、黃酮醇類及 γ - 胺基丁酸（γ - aminobutyric acid）則會引起口腔乾燥和柔和的澀味，並且兒茶素類含量愈高，感官品評所給予的澀味強度就愈高分。雖然黃酮類及黃酮醇類在茶湯中的含量非常少，但其所引起澀味的程度是兒茶素類的 100 ～ 1,000 倍，表示只要攝取微量就會倍感澀味。兒茶素類在茶芽及嫩葉當中含量較高（郭和邱，2017），在茶梗及老葉中含量較低，並且有茶葉成熟度愈高則含量愈低的趨勢。因此，芽茶類或嫩採的製成茶類茶湯在熱水沖泡下通常較帶有澀味，如綠茶或東方美人茶。

2. 苦味

咖啡因、兒茶素類、花青素類（anthocyanins）及黃酮類是茶湯主要的苦味來源，兒茶素類並以酯型（galloylated type）兒茶素讓人感受到苦味的閾値較非酯型

（non-galloylated type）兒茶素低（張等，2015），表示相同含量之下酯型兒茶素較非酯型兒茶素苦。此外，酯型兒茶素需要較高的水溫方能沖泡出來，冷泡茶葉 1 小時的茶湯中酯型兒茶素含量約爲熱泡的五分之一到四分之一（Monobe, 2018），若冷泡時間較短暫，咖啡因含量亦降低到五分之一左右，這也是冷泡茶喝起來比較不苦的原因之一。咖啡因在茶樹中的分布與兒茶素雷同，以茶芽及嫩葉當中含量較高（郭和邱，2017），在茶梗及老葉中含量較低，因此，如果希望能夠進一步降低苦澀味，則可選擇以冷泡的方式沖泡茶梗。

3. **甜味**

文獻指出胺基酸類及糖類是提供茶湯甘甜味的主要來源，其中胺基酸可貢獻 70 %的甘味，還原糖則爲甜味（sweetness）的主要來源（甘，1984）。

4. **酸味**

茶湯酸味的來源則包含：沒食子酸（gallic acid）、有機酸類（organic acids）、抗壞血酸（ascorbic acid）及一些胺基酸類。

5. **鮮味**

提供茶葉鮮味的重要來源便是胺基酸類，並以茶胺酸、麩胺酸（glutamic acid）及天門冬胺酸（aspartic acid）爲主。茶胺酸含量梗多於葉，第一節梗是一心一葉的 5 倍（郭和邱，2017），並隨著葉與梗的成熟度愈高而遞減，故沖泡茶梗喝起來會比較鮮爽。

（三）茶葉化學成分對品質等級的影響

茶葉等級的訂定取決於感官品評的結果，而茶葉的化學成分便是影響感官品評的重要因子之一，故茶葉的化學成分組成及多寡影響其品質甚鉅。以不發酵的綠茶爲例，綠茶講求鮮味與甜味，不論是臺灣綠茶或日式綠茶，茶胺酸的含量皆與品質高低有密切相關（Nakagawa, 1970；Nakagawa and Ishima, 1973；Nakagawa, 1975；郭等，2019），日式綠茶相較於臺灣綠茶無論品種或製程皆較爲單一。因此，其茶胺酸含量的高低甚至與茶葉販售價格呈現正相關（向井等，1992）。臺灣綠茶因品種較多、製程較複雜，因此，尙有揮發性有機化合物等成分含量會影響其品質與售價。

根據研究結果顯示，臺灣三峽碧螺春綠茶比賽茶樣中，茶胺酸含量以入圍（頭等、金獎、銀獎、優良）者較淘汰者（未入圍）爲高，甜味來源的還原糖類含量同樣以入圍者較淘汰者爲高，顯示鮮甜味在綠茶類的重要性。再者，雖然兒茶素類帶有苦澀味，咖啡因帶有苦味，卻是支撐茶湯整體滋味、口感與鮮活感的重要成分，與胺基酸類、還原糖類等其他成分在口中達到良好的平衡，例如：碧螺春綠茶比賽茶當中，淘汰茶樣的評語有時會出現「淡」，而淘汰茶樣的兒茶素類與咖啡因含量顯著地低於入圍者，即使是較爲苦澀的酯型兒茶素亦然，顯示如果兒茶素類與咖啡因含量過低，則茶湯濃稠度不足、顯得淡薄；然而過猶不及，倘若兒茶素類含量過高，無法與胺基酸類或還原糖類等鮮甜味的成分達到良好平衡，則茶湯在口中就有機會感受到苦澀了，碧螺春綠茶比賽茶入等的茶樣與優良茶樣相比其總游離胺基酸類及還原糖類含量無顯著性差異，但總兒茶素及總酯型兒茶素含量以優良者較入等者爲高，顯示苦澀味、鮮甜味的含量需要在適當的範圍內，達到一定的平衡爲佳（郭等，2015；郭等，2019）。

在紅茶品質的部分，前人研究指出，茶湯的活性與咖啡因及茶黃質類的含量有關（Roberts, 1962），並且若在茶湯中添加咖啡因可增加紅茶的活性，而茶黃質類含量則顯著正向影響紅茶茶湯水色，倘若發酵程度過頭，則茶黃質類含量減少，茶湯水色將偏向暗紅或紅褐色，其品質亦降低。

（四）結語

茶葉的化學成分組成影響茶湯品質甚鉅，其機制複雜，除了需考量人體閾値差異性之外，特定滋味的呈現可能是數種化學成分一起貢獻的結果，並且不同滋味彼此之間有協調平衡的機制存在，如苦澀與甘甜，又化學成分整體含量較低者，其滋味易偏向淡薄。再者，不同化學成分在不同溫度的沖泡下其溶出率有所不同，因此，個人可針對口味喜好進行沖泡條件的調整。

參考文獻

1. 甘子能。1984。茶葉化學入門。臺灣省茶業改良場林口分場編印。
2. 郭芷君、邱喬嵩。2017。高茶胺酸茶加工製程技術之研發。茶業改良場 105 年年報。
3. 郭芷君、黃宣翰、楊美珠。2019。三峽碧螺春綠茶比賽茶等級與成分關聯性之探討。臺灣茶業研究彙報 38。
4. 郭芷君、潘嫵茹、楊美珠、陳柏安、陳國任。2015。臺灣碧螺春比賽茶等級與化學成分含量間關係之探討。2015 臺灣國際茶文化創意與科技論壇論文集。
5. 張英娜、陳根生、劉陽、許勇泉、汪芳、陳建新、尹軍峰。2015。烘青綠茶苦澀味及其滋味貢獻物質分析。茶葉科學 35(4)。
6. 向井俊博、堀江秀樹、後藤哲久。1992。煎茶の遊離アミノ酸と全窒素の含量と価格との関係について。茶業研究報告 76。
7. Monobe, M. 2018. Health Functions of Compounds Extracted in Cold-water Brewed Green Tea from *Camellia sinensis* L. Japan Agricultural Research Quarterly: JARQ 52 (1).
8. Nakagawa, M. 1970. Correlation of the Chemical Constituents with the Organoleptic Evaluation of Green Tea Liquors. Tea Res. J. 32.
9. Nakagawa, M., and Ishima, M. 1973. Correlation of the Chemical Constituents with the Organoleptic Evaluation of Green Tea Liquors. Shokukoushi 20.
10. Nakagawa, M. 1975. Chemical Components and Taste of Green Tea. Japan Agricul. Res. Quarterly 9 (3).
11. Roberts, E. A. 1962. The Chemistry of Flavonoid Compounds. Geissman, T.A. Pergamon Press.

05

茶葉感官品評流程及所需設備

文／郭婷玫、林金池、阮逸明

圖／郭婷玫、李耘心

（一）前言

茶葉感官品評是藉由品評人員的視覺、嗅覺、味覺、觸覺及聽覺等五感來品評鑑定茶葉品質好壞，茶葉品評結果是否正確，除了品評人員應具有敏銳的感官品評能力及熟練的技術與經驗之外，還必須配合良好的品評環境及設備，例如品評室及品評用具等。此外，茶葉沖泡方式及品評流程亦需依據一定的規範與程序，藉此減少操作過程之差異，以達到正確品評之公平性。品評人員可以透過不斷實地演練與討論，精進品評技術，進而對茶葉品評進行規劃與應用。

（二）品評環境

1. 品評室（圖 5-1）

(1) 光線

茶葉品評室以自然採光爲佳，光線需充足均勻且避免陽光直射，室內以白色基調爲主，茶葉品評檯（桌）面則以黑色爲宜。

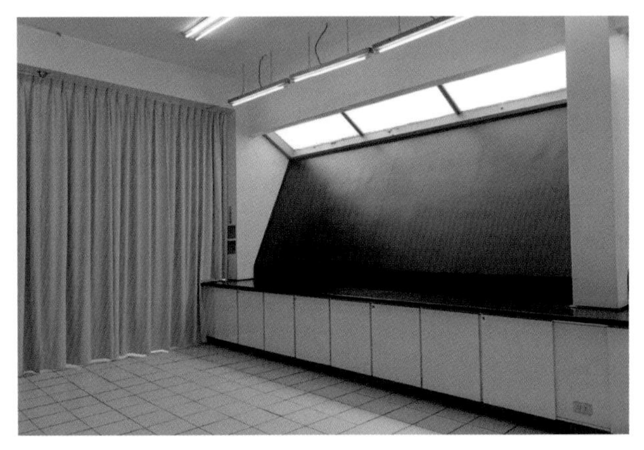

圖 5-1 茶葉品評室
（品評室宜坐南朝北，使光線從北面投入）

爲避免產生耀眼光點，難以判斷茶葉外觀及水色，陽光不可直射於品評檯面，例如臺灣地處北半球，品評室宜坐南朝北，使光線從北面投入，因北面射入的光線從早到晚比較均勻，變化較小，對茶葉外觀及茶湯水色的判斷不易因時差而造成差異。此外，陽光亦不可直接照射於茶葉，避免導致茶葉香氣及滋味改變，影響茶葉品評結果。

若品評室自然採光不足，或爲避免雨天光線不足之情況，可於品評檯面上方加裝日光燈或 LED 燈以補足光源，亮度以介於 200 ～ 400 勒克斯（Lux，又稱爲米燭）較爲適當。但光源的不同、強弱對於茶葉外觀及水色之判斷亦有很大的影響，因此，品評室內外不宜有會造成反光之色彩（如紅、黃、藍、綠、紫等）。

(2) 溫溼度

茶葉品評室內需保持乾燥清潔，爲控制環境溫溼度，建議裝設空調設備，使環境溫度維持於 22 ～ 24 ℃，相對溼度維持於 45 ～ 55 ％爲佳。

環境溫溼度之變化，容易影響茶葉之品質表現、品評人員之感官靈敏度及專注力，例如溫度過高易因悶熱使品評人員產生不舒適感，而造成品評操作不便及失誤；溫度過低則易使品評人員感官靈敏度下降，亦容易改變茶湯品質特色。此外，空調風向不能直吹茶葉品評檯面，若導致沖泡後茶湯及茶渣葉底溫度不均，則會干擾茶葉香氣或茶湯滋味的品評結果。

(3) 氣味

茶葉品評室需保持空氣清新、空氣流通且無異味，避免干擾品評人員對於茶葉香氣之判斷，進而影響品評結果。

茶葉具有容易吸溼與吸附異味的特性，茶葉香氣極易受外界氣味之影響。因此，品評室需遠離各種容易產生異味之場所（例如實驗室、廚房、餐廳及廁所等），此外化學試劑、化妝品、清潔用品及各種外來的氣味，亦會干擾品評判斷。因此，品評室內應保持各項設備無明顯異味、地板不宜打蠟且嚴禁吸菸。

(4) 聲音

茶葉品評室需保持安靜，應具備良好的隔音效果，品評室內亦不得喧嘩等，避免干擾品評流程進行。

品評室內喧嘩等聲音，容易影響品評人員之專注力，超過 80 分貝之噪音，更有可能使人情緒失控，而持續的噪音，亦會對品評人員的生理及心理造成壓力，進而影響品評結果之判斷。

2. 品評用具

品評用具爲品評時專用，需質地良好、規格一致，以減少客觀上的誤差，常用品評用具詳如下列說明。

⑴ 品評桌（圖 5-2）

供品評時放置品評用具（如審茶盤、審茶杯碗、秤量計、計時器、湯杯攪拌匙及抹布等）使用，品評桌的高度約 80 ～ 90 公分、寬 60 ～ 80 公分、長度約 180 公分，可依需求訂製。桌面應爲黑色且耐酸鹼、耐高溫、耐磨及無雜異味等。

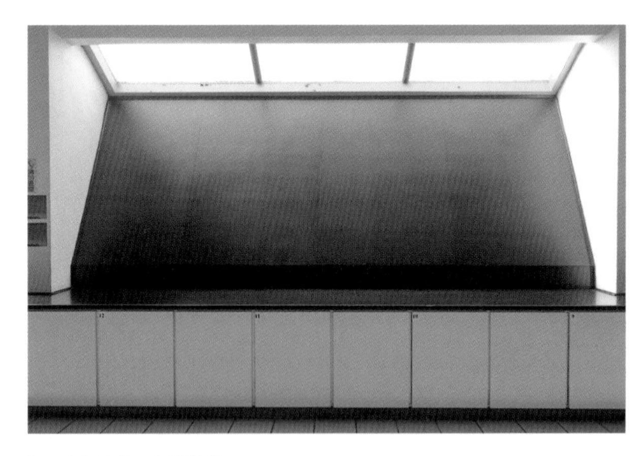

圖 5-2 品評桌

⑵ 審茶盤（圖 5-3）

供盛放茶樣使用，以便於取樣及審視茶葉外觀（如形狀及色澤）。

形狀以長方形或正方形爲主，少數爲圓形。材質以無臭無味之塑膠或金屬爲主，少數由薄木板製成。顏色以白色或黑色爲主，少數爲單色系（如原本之木頭色）。規格大小需可盛放茶葉 150 ～ 200 公克，長方形規格一般爲長 25 公分、寬 16 公分、高 3 公分；而正方形規格一般爲長寬皆 23 公分、高 3 公分。目前較常見之審茶盤樣式爲長方形白色塑膠盤，其次爲長方形之金屬盤。

圖 5-3 審茶盤

⑶ 審茶杯（圖 5-4）

供茶葉沖泡及香氣品評使用，一般常見爲容量 150 毫升之白瓷含杯蓋茶杯。

茶杯爲長筒形並含把手，杯柄對側之杯口有一小缺口，呈「U」字弧形或鋸齒形，使審茶杯橫置於審茶碗上時容易將茶湯濾出，鋸齒形缺口可利於過濾茶渣，常用於碎形紅茶品評使用；「U」字弧形則用於條形或球形茶品評使用。

圖 5-4 審茶杯（上為鋸齒形，下為 U 字弧形）

沖泡後茶湯倒入審茶碗之動作稱爲「開湯」，杯蓋上有一小孔，即爲開湯時可供排氣，以利於茶湯流出。因此，開湯作業時蓋孔之位置需對應於接近杯柄之右側。

審茶杯規格參考自國際標準 ISO 3103-2019（E）規範分爲容量 150 ± 4 毫升及 310 ± 8 毫升兩種。150 毫升審茶杯其規格爲內徑 6.2 公分，外徑 6.6 公分，杯高 6.5 公分，誤差範圍 0.2 公分，杯蓋外緣直徑 7.2 公分，內緣直徑 6.1 公分；310 毫升審茶杯其規格則爲內徑 8.1 公分，外徑 8.5 公分，杯高 7.6 公分，誤差範圍 0.2 公分，杯蓋外緣直徑 9.3 公分，內緣直徑 7.7 公分。

⑷ 審茶碗（圖 5-5）

供茶湯盛放使用，以利於審視茶湯水色及品評滋味，一般常見爲容量 200 毫升之白瓷茶碗。

審茶碗規格參考自國際標準 ISO 3103-2019（E）規範分爲容量 200 毫升及 380 毫升兩種。200 毫升審茶碗其規格爲內徑 8.6 公分，外徑 9.5 公

圖 5-5 審茶碗

分，碗高 5.2 公分，誤差範圍 0.3 公分；380 毫升審茶碗其規格則為內徑 10.9 公分，外徑 11.7 公分，碗高 6 公分，誤差範圍 0.3 公分。

(5) 葉底盤（圖 5-6）

茶葉開湯後供審視茶渣葉底使用，一般為白瓷圓盤，直徑約 10 公分，或可將審茶杯之杯蓋翻面，再將茶渣放置於審茶杯蓋上作為審視葉底之用。

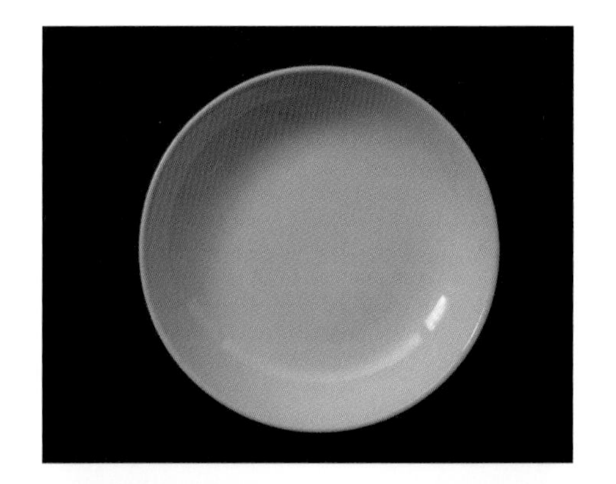

圖 5-6　葉底盤

(6) 秤量計（圖 5-7）

供茶樣秤取使用，目前多使用電子秤，早期則使用手秤（銅質衡器）。

電子秤具有取樣方便且精準度高之優點，並建議精準度可到小數點一位，秤檯之長與寬需大於 6 公分，以利秤杯擺放。

圖 5-7　秤量計

(7) 計時器（圖 5-8）

供計量茶葉沖泡時間使用，目前多使用電子式定時鬧鐘，早期少數以砂漏器替代。

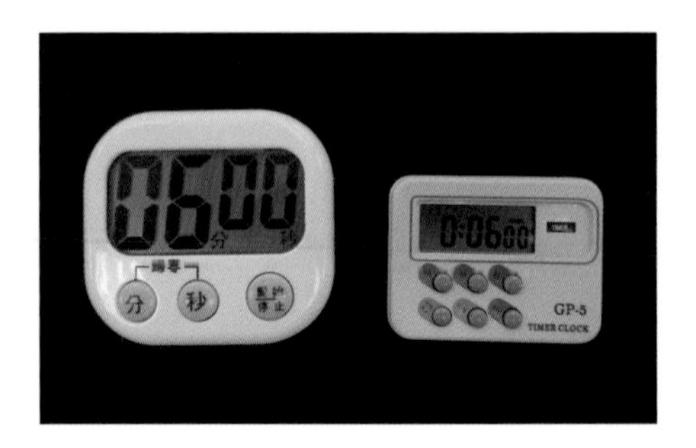

圖 5-8　計時器

⑻ 攪拌湯匙或網匙（圖 5-9）

供攪拌茶湯或撈取審茶碗內之細碎茶渣或小葉片之用，一般為不鏽鋼材質。

圖 5-9 攪拌湯匙

⑼ 審茶匙（圖 5-10）

供舀取茶湯品評用，容量約 5 ～ 10 毫升，一般為不鏽鋼材質之長柄匙，亦有白色瓷匙。

圖 5-10 審茶匙

⑽ 湯杯（圖 5-11）

盛裝熱水供放置審茶匙、攪拌湯匙或網匙之用。

⑾ 吐茶鋼杯

供品評人員品評後將含在嘴中之茶湯吐出使用，通常用於大量品評茶葉樣品時。

圖 5-11 湯杯及攪拌湯匙

⑿ 茶渣桶

品評時用以盛裝茶渣與廢棄茶湯用。早期有圓形及半圓形兩種，高 80 公分，直徑 35 公分，半腰直徑 20 公分，通常用鍍鋅鐵皮製成。現今則多以塑膠水桶代替。

⒀ 燒水壺

不鏽鋼製或鋁製手提茶壺或電壺，容量 6 ～ 8 公升，供燒開水沖泡茶葉用。

⒁ 抹布

供沖泡出湯後擦拭品評桌殘留水分使用，避免審茶杯碗滑動。抹布選取以無異味吸水性佳為宜。

⒂ 茶樣桶

用於貯放品評用茶樣。收到茶樣後將其裝在清潔無異味、不透光且氣密性良好的鋁箔袋或塑膠袋內，若隔一段時間再評審者可加脫氧劑抽真空包裝，再將茶樣集中放置於茶樣桶（箱）內存放，綠茶或發酵度較輕之茶樣，建議存放於冷藏櫃內，以避免影響茶樣品質。每個茶樣需詳細標明茶樣類別、產地、季節、品種、樣品編號或密碼等。

（三）沖泡方式

1. 器具擺設（圖 5-12）

茶葉沖泡前，須先準備品評用具並進行擺設，相關器具主要擺設於品評檯面，現以品評人員面對檯面之方向進行說明，在檯面右側需預留 20 ～ 30 公分空間，用於擺放抹布、秤量計（電子秤）、計時器、攪拌杯及攪拌匙等品評器具。

審茶盤需放置於檯面最上方，之後再於下方靠近品評人員位置之桌緣處擺放審茶杯，審茶杯離桌緣約 2 公分（一指幅），杯柄需朝右側，審茶碗需放置於審茶杯上方位置，距離審茶杯約 2 公分（一指幅），杯蓋置於審茶碗中且蓋孔需朝右側，方便茶葉沖泡蓋置。審茶杯碗需對應審茶盤，審茶盤與審茶碗兩者間距約 10 ～ 20 公分，方便放置及移動電子秤進行取樣秤重。

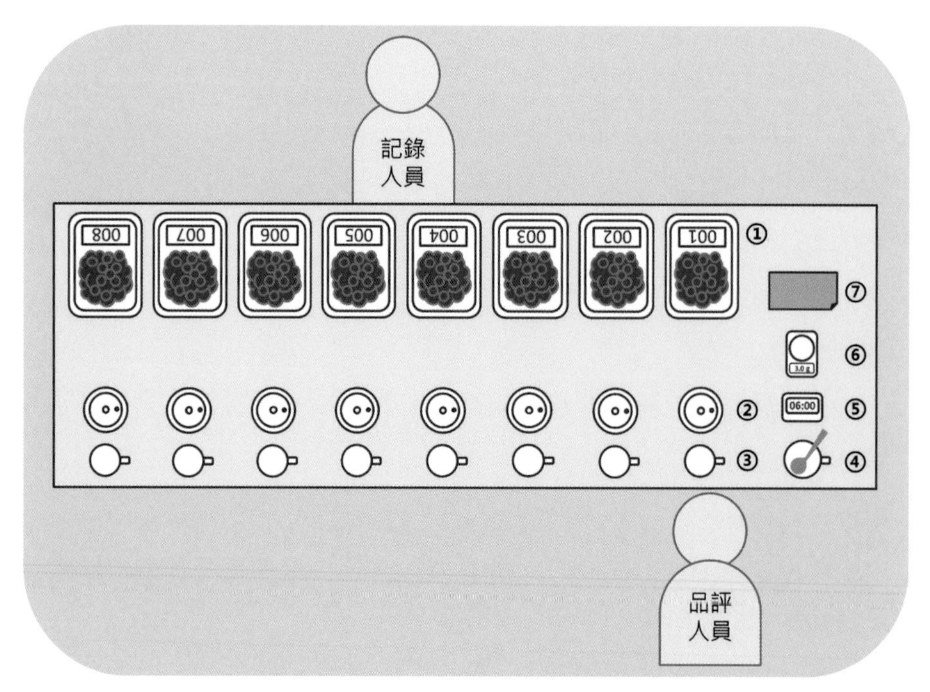

圖 5-12　茶葉沖泡前器具擺設位置示意圖：①審茶盤（號碼牌應面向記錄人員，若無記錄人員則可面向品評人員）②審茶碗（含杯蓋）③審茶杯④攪拌杯及攪拌匙⑤計時器⑥秤量計（電子秤）⑦抹布

2. 取樣

準備品評用之茶樣，需先將茶葉倒入大型容器內混合均勻，再逢機秤取約 200 ～ 300 公克茶葉裝進鋁箔袋內，並加脫氧劑進行真空包裝備用；若短期內即可進行品評鑑定，茶樣也必須迅速裝在清潔乾燥且密閉性良好不透光的容器內，每個容器都必須有標籤詳載茶葉來源或自行編碼註記。在取樣、分樣操作時，也應注意環境的清潔狀況，避免外來異物（味）混入茶樣。

取樣前需先將茶樣依編號倒出置於審茶盤上，戴手套再予攪拌均勻，用姆指、食指及中指輕輕抓取茶樣，將茶樣放置於秤杯中進行秤重，以能一次抓足一杯用量（ 3 公克）爲佳，球形茶樣亦可使用小型金屬湯匙進行取樣，精準秤量 3 公克茶樣倒入審茶杯中（圖 5-13）。秤量過程中建議將電子秤置於審茶盤及審茶杯中間位置，以減少取樣時之茶樣掉落。取樣過程需避免將茶葉捏碎或弄斷，亦不可特意挑選外觀好之茶樣，以避免影響品評結果。

圖 5-13　取樣

取樣是從一批茶葉中逢機抽取能代表其品質特徵之少量樣本，供評審茶葉品質或檢驗茶葉之用。取樣是否能代表整批茶葉的品質，關係評審及檢驗結果。茶葉具不均勻性，評茶沖泡取樣只有 3 公克。因此，取樣必須十分嚴謹，需由經過專業訓練且由有經驗的人員擔任。

3. 水質

品評用水的水質對茶葉的水色、香氣及滋味品質深具影響力。因此，品評用水需透明潔淨且無臭無味，一般常見用水包含蒸餾水或去離子水，亦有使用軟水之山泉水或礦泉水。茶葉需沖泡才能進行茶湯水色、香氣及滋味等品評流程，而茶葉沖泡用水之水質不同，則會影響茶湯水色、香氣及滋味表現。因此，品評過程需要求水質之一致性，使品評結果具公平性。

水的種類可分爲天然水及人工處理水兩種，其中天然水包含泉水、河水、井水、雨水及湖水等，人工處理水則包含自來水、蒸餾水及去離子水等，而水的種類不同，其礦物質離子含量、pH 值及總溶解固體（total dissolved solids, TDS）等亦有所不同。

含有高濃度礦物質離子的水被稱爲硬水，若依換算碳酸鈣含量爲標準，低於 120 毫克／公升則被稱爲軟水，超過 120 毫克／公升被稱爲硬水，其中硬水又可分爲碳酸鹽水及非碳酸鹽水兩種，前者在煮沸時會產生碳酸鈣與碳酸鎂的沉澱，用來泡茶時茶湯水色帶黑，滋味淡薄；後者在煮沸時無沉澱產生，則對茶湯水色及滋味影響較少，而鈣、鎂及鐵等礦物質離子含量太高，如以大於 2 ppm 之硬水沖泡茶葉，則茶湯暗而苦澀。

硬水所含礦物質會影響水的 pH 值，茶湯水色對 pH 值相當敏感，以 pH 值 6.0 ～ 6.5 微酸性水質爲優，微酸性可使茶湯水色明亮，不暗黑，pH 值降至 5 左右時對紅茶水色影響尚小，但愈酸則由紅色轉爲紅黃色。微鹼性水質，會促進多元酚類氧化，水色變暗，鮮爽度差，滋味變鈍。例如 pH 值高於 7 時，茶黃質易進行氧化作用，使水色帶黑，降低滋味的鮮爽度。此外，若將含有碳酸鹽之水利用離子交換樹脂軟化，使鈣鎂離子被鈉離子取代，則水的 pH 值高於 8 呈鹼性水，會使茶湯水色帶黑。

TDS 爲總溶解固體（total dissolved solids）之縮寫，指水中全部溶質的總量，包括無機物和有機物兩者的含量，又稱溶解性固體總量，代表一公升的水中溶有多少毫克溶解性固體（mg / L = ppm），TDS 值愈高，表示水中含有的雜質愈多，而逆滲透水、蒸餾水等，其 TDS 值則較低。目前建議沖泡臺灣茶可選用 TDS 值於 30 ～ 90 ppm 間之用水，茶湯風味表現較佳，且以不要超過 130 ppm 爲宜。不同特色茶之適合 TDS 值區間亦稍有不同，例如沖泡紅茶用水之 TDS 值爲 10 ～ 30 ppm 間、綠茶則於 TDS 值 60 ～ 90 ppm 間之風味表現較佳，而部分發酵茶則建議於 TDS 值 30 ～ 60 ppm 間，其中香氣於 30 ppm、滋味則於 60 ppm 品質表現最佳（林等，2021）。

此外，自來水則因普遍含氯，常含有氯的氣味，若做爲品評用水需安裝濾水器過濾，以去除氯、鈣及鎂等礦物質離子，若品評時想了解水質對茶湯香氣滋味之影響，沖泡時可另外倒一碗沖泡用熱水作爲對照，先品評沖泡用水再品評個別茶樣之茶湯滋味進行比較。

4. 溫度

品評用水宜用沸滾的水，溫度以 100 ℃爲標準，沸滾過度或水溫不足皆不宜做爲品評用水。

茶葉內含物在茶湯中溶解度受水溫高低之影響，用煮沸的水沖泡茶葉，可溶性成分溶解較多，茶葉的香味表現無遺，可正確判斷茶葉品質的優劣。

研究結果顯示，秤取 3 公克茶葉以 80 ～ 100 ℃熱水沖泡 150 毫升，清香型條形包種茶浸泡 5 分鐘，若以 100 ℃的沸滾水其浸出可溶性成分（總兒茶素、咖啡因及總游離胺基酸等）的含量作爲 100 %，則 90 ℃熱水溶出率約爲 74.1 %，80 ℃熱水溶出率則爲 56.8 %，可溶性成分溶出率隨溫度降低而明顯減少。若以清香型球形烏龍茶標準沖泡 6 分鐘爲例，則 90℃熱水溶出率約爲 60.8 %，80 ℃熱水溶出率則只有 42.4 %，球形烏龍茶因外觀較爲緊結，可溶性成分溶出率相對比條形包種茶低（戴等，2012）。因此，評鑑茶葉須用沸滾的水沖泡，可溶分充分溶解，才能使茶葉的香甜或苦澀等香味特色表現無遺，得以正確判斷茶葉品質的優劣。另外也需注意每次要用新煮開的水沖泡，避免過度煮沸（熟湯味），水中空氣減少，影響茶湯表現。

5. 茶水比例

茶葉用量與水量之比例爲 1 : 50（茶葉用量爲水量的 2 %），即 3 公克的茶葉需以 150 毫升的水進行沖泡，若使用 310 毫升規格之審茶杯，則需秤取 6.2 公克茶葉進行沖泡。

6. 浸泡時間

不同形狀之茶葉，浸泡所需時間也不同，條形茶因茶葉沖泡後較容易舒展，僅需 5 分鐘；而球形茶因較爲緊結甚至經過高溫長時間烘焙，茶葉較不易沖泡舒展，浸泡時間爲 6 分鐘；東方美人茶則介於兩者之間，浸泡時間爲 5 分 30 秒。

7. 沖泡流程

將品評用具擺設完成後，秤取 3 公克茶樣放入審茶杯內（圖 5-14），並逐

圖 5-14 取樣

一檢視各審茶杯，避免遺漏茶樣，沖泡時若茶壺提把過熱不易操作，可使用乾布巾包覆茶壺提把，沖泡審茶杯茶樣前需將茶壺內沸水先倒於攪拌湯杯中（約半杯滿）（圖 5-15），降低壺嘴溫度避免噴濺，再依續將沸水以慢、快、慢的速度沖泡滿杯（沖泡時先對準杯中心點注水，再加快流量，8 ～ 9 分滿時放慢速度，避免熱水大量溢出於桌面上），水量應與杯口齊，隨泡隨加杯蓋，蓋孔朝向杯柄（圖 5-16），當第一杯審茶杯之沸水倒滿後才開始依據不同茶類浸泡時間計時。

浸泡時間結束即進行開湯作業，將審茶杯提取臥置於碗口上，讓杯中茶湯可順利流入審茶碗中（圖 5-17），此時桌面上如有沖泡時溢出之茶湯，可先用抹布擦拭乾淨（圖 5-18），避免評審時審茶杯碗滑動。開湯 8 ～ 10 杯後，提取第一杯碗上之審茶杯輕甩三下（圖 5-19），使杯中殘餘茶湯至完全濾盡爲止，再將審茶杯放回原本位置。

圖 5-15　沖泡前需將茶壺內沸水先倒於攪拌湯杯中

圖 5-16　沖泡作業

圖 5-17　開湯作業

圖 5-18　桌面如有茶湯灑落，可先用抹布擦拭乾淨

圖 5-19　提取碗上之審茶杯輕甩三下，使杯中殘餘茶湯至完全濾盡為止

用攪拌湯匙於審茶碗中攪拌約半圈（從 12 點鐘方位往 6 點鐘或 6 點鐘方位往 12 點鐘方位）（圖 5-20），使茶渣或茶湯沉澱物集中於碗中心，以便觀察水色，此時碗中若有茶葉流入，應立即撈出（圖 5-21），避免過度浸泡，影響茶湯品評，此外若需攪拌多碗茶湯，每碗均需先將攪拌湯匙放入攪拌湯杯中清洗後再進行攪拌（圖 5-22）。

圖 5-20 用攪拌湯匙於審茶碗中攪拌約半圈

圖 5-21 審茶碗中若有茶葉流入，應立即撈出

圖 5-22 若需攪拌多碗茶湯，則需先將攪拌湯匙放入攪拌湯杯清洗後再進行攪拌

（四）品評項目及流程

1. 茶葉品評項目（通用型五因子評審法）

(1) 外觀

審視茶葉外觀之形狀（條形或球形等）、色澤，芽尖白毫及副茶或雜夾物等。

(2) 水色

審視茶湯水色之顏色、濃淡、清濁及明亮具油光等。

(3) 香氣

判別香氣之種類、濃淡、強弱、清濁、純雜，及是否帶菁臭味、悶味、煙味、焦味、陳味、霉味及油臭等其他異味。

(4) 滋味

審查茶湯之濃稠、淡薄、甘醇、苦澀、活性、刺激性或收斂性（主要用於紅茶）等。

(5) 葉底

審視茶葉開湯後茶渣葉底之色澤、葉面展開度、葉片或芽尖是否完整無破碎及夾雜物等。及判別茶菁原料之品種、季節、厚薄、老嫩、均一性及發酵程度等。

2. 評分標準及評分紀錄表

臺灣特色茶評審針對茶葉外觀、茶湯水色、香氣、滋味及葉底等進行評分，依據不同茶類其評分標準亦有所不同（表 5-1），評分紀錄表（格式可參考附件 5-1）則用於品評時記錄茶葉品質分級或評分表現。表內分爲茶葉外觀（形狀、色澤）、水色、香氣、滋味及葉底等 5 個評分欄位，及總評方便統計分數或備註描述個別茶樣品質特色相關評語，且可依據每次品評數量調整表格版面（例如一般單趟品評數量爲 30 個茶樣，則可將表格調整爲 30 列）。另外，亦需塡寫品評茶類、品評人員姓名及日期等資料。若品評茶樣數量多或分級用，需增加等級統計表（附件 7-1、附件 7-2，使用方式詳見第七章）。一般評審前由行政作業人員先編密碼，評審人員於不知道茶樣實際來源之情況下進行品評，以達到公平與公正之目的。

▼ 表 5-1　臺灣特色茶評審評分標準

茶類	外觀	水色	香氣	滋味	葉底	總分
綠茶	30	20	25	25	–	100
條形包種茶	20	20	30	30	–	100
清香型球形烏龍茶	20	20	30	30	–	100
焙香型球形烏龍茶	20	20	30	30	–	100
東方美人茶	30	10	30	30	–	100
紅茶	20	20	25	25	10	100

3. 品評流程

茶葉品評基本上包含茶葉外觀、茶湯水色、香氣、滋味及葉底等五個項目，品評順序依次如下：

(1) 於開湯（茶湯倒入審茶碗）前可先審視茶葉外觀（圖 5-23）。

(2) 開湯後再審視茶湯水色（圖 5-24）。

圖 5-23　審外觀

⑶ 開湯 6 分鐘後（葉底溫度約 45 ～ 55 ℃）可嗅聞茶葉香氣（圖 5-25）。

⑷ 再 6 分鐘後（茶湯溫度約 40 ～ 50 ℃）即可嚐滋味（圖 5-26）。

⑸ 最後再審視杯中茶渣葉底（圖 5-27），並綜合評斷品質之優劣。

茶葉進行品評須於 2 ～ 3 秒內評判茶葉優缺點。因此，當拿取審茶杯聞香氣時可同步檢視茶葉外觀及水色，並於打開杯蓋瞬間初步檢視葉底，再進行嗅聞茶葉香氣特色，並給予初步品評排序；在評審茶湯滋味時亦可再檢視茶葉外觀與水色，茶湯入口嚐滋味時可輔助最終評判品質優劣，再進行等級之確認或調整。若茶樣品評數量較多時，一般品評人員即可以審茶碗爲中心基準點，藉由「推杯」方式作爲排序的記號（圖 5-28），一般茶葉品質佳者，審茶杯可擺放在審茶碗之上方或右側；品質較差者，擺放在審茶碗下方或左側，翻杯蓋則通常爲再降一級之標示，於不同品評階段，各個擺放位置所代表的等級會有所不同，但當審茶杯擺在審茶碗的下方位置並翻蓋時，通常代表茶葉品質有嚴重缺點或不符合該茶類品質特色，也有表示淘汰或未入圍之意。茶葉感官品評準備及品評流程可參考圖 5-29。

圖 5-24 觀水色

圖 5-25 聞香氣

圖 5-26 嚐滋味

圖 5-27 觀葉底

圖 5-28　推杯範例（由左至右茶樣品質漸優）

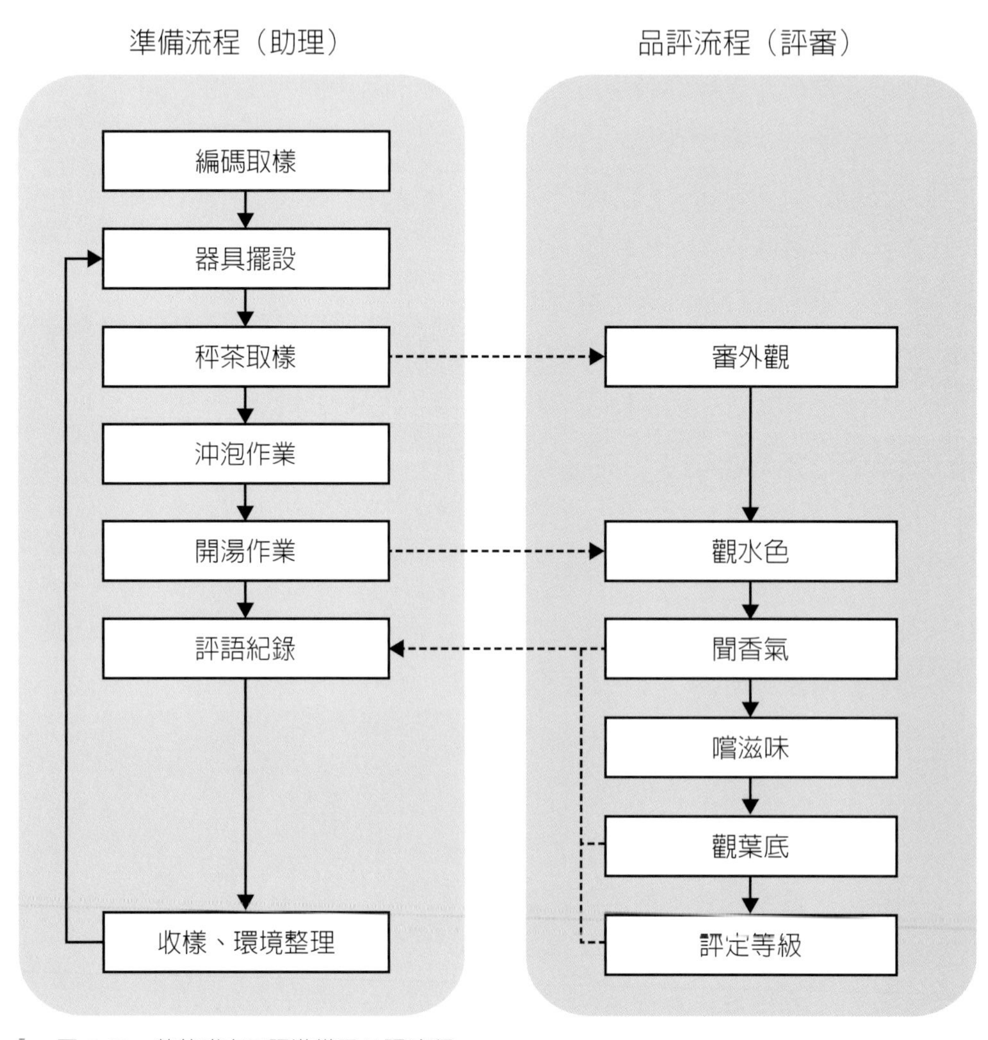

圖 5-29　茶葉感官品評準備及品評流程

4. 評審時應注意事項

(1) 審外觀（圖 5-30）

茶葉開湯前可先審查其外觀，針對茶葉之形狀與色澤進行評鑑，例如外觀的均勻度、條索的緊結度、顏色是否帶有光澤、是否有雜異物參雜於內等，可先對於茶葉品質有初步判斷，但應避免直接用手碰觸或拿取審茶盤嗅聞茶葉，以免茶葉受潮或汙染。

圖 5-30 審外觀

(2) 觀水色（圖 5-31）

開湯後審視茶湯水色，比較其顏色、濃淡、清濁、明亮度或細碎茶渣及沉澱物多寡等，但應注意環境光線強弱及茶湯量，甚至茶湯靜置於空氣中會逐漸氧化等因素，皆會影響茶湯水色變化。

圖 5-31 觀水色

(3) 聞香氣（圖 5-32）

開湯後 6 分鐘再嗅聞杯中茶渣之香氣，以鼻吸二至三口氣（鼻前嗅覺）評鑑香氣之濃、淡、純、濁以及有無菁味、煙味、焦味、油臭味、悶味等其他異臭。嗅香氣應一手握住杯柄，一手掀開杯蓋，靠近杯沿用鼻趁熱輕嗅或深嗅杯中葉底發出的香氣，也有將鼻部深入杯內，接近葉底以擴大接觸香氣面積增加嗅感。爲了正確判斷茶葉香氣類型之高低和長短，嗅聞時應深吸 1 ～ 2 次，時間約 2 ～ 3 秒，但每次的時間不宜過長（超過 5 秒）或過短（短於 1 秒），以免影響嗅覺靈敏度。另外聞香氣時只能吸氣，呼吸換氣時不能把呼出的氣體衝入審茶杯內而影響品評結果。

在未評定香氣前杯蓋不得打開，此外，若品評杯數較多時，嗅聞香氣時間會拖長，各杯冷熱程度若不一，就難以評比。因此，嗅聞品評時，若葉底溫度太低可將茶杯翻轉輕輕抖動搖晃幾下使茶渣翻動，杯中茶葉可透過翻動散發出香氣再行嗅聞。

圖 5-32　聞香氣

一般聞香又分爲熱嗅與冷嗅，即在杯中熱氣散失後再嗅聞第二遍，以評茶葉香氣的持久性，只有品質好的茶葉其香氣較高且持久，冷嗅才有餘香。最適合評審茶葉香氣的葉底溫度爲 45 ～ 55 ℃，超過 60 ～ 65 ℃時感到燙鼻；低於 30 ℃時茶香會較低沉。因此，評審茶葉香氣，若在冬天速度要快，避免溫度降得過低，而在夏天（開冷氣除外）則可延長至 8 分鐘再開始嗅聞香氣，避免溫度高而燙鼻。

若茶樣品評數量較多時，爲了區別各杯茶葉香氣的高低，可先進行「推杯」方式作爲排序的記號，但仍以香氣及滋味等綜合表現，再做「推杯」調整，以作爲最終品質排序之依據。

圖 5-33　嚐滋味

(4)　嚐滋味（圖 5-33）

聞香後 6 分鐘，利用湯匙取 5 ～ 8 毫升茶湯進行滋味評定。每次以 5 毫升左右最適宜，多於 8 毫升感到滿嘴是湯，在口中難以啜吸辨別茶湯滋味，少於 3 毫升，無法涵蓋整體舌頭，不利於辨別。

以下爲茶湯啜吸方式之一，可供作參考：從湯匙裡吸茶湯要自然，速度不用太快，把茶湯吸入嘴內後，舌尖頂住上顎齒根，嘴唇微微張開，舌頭稍向上抬接近上顎，縮小舌顎間之空間，使茶湯攤在舌中部。再用口慢慢吸入空氣，使茶湯在舌頭上微微滾動，一般茶湯在舌中可啜吸二次，使茶湯與口腔各味覺細胞及黏膜不斷接觸，以分辨出茶湯之甘醇、濃淡、強弱、鮮爽活性、刺激性與收斂性或帶有苦澀、粗菁、異味等滋味，吸後即閉上嘴，舌的姿勢不變，空氣由鼻孔排出（經由鼻後嗅覺），再度評鑑茶葉之香氣高低優劣，再吐出茶湯，品評後可依茶湯香味整體評價調整審茶杯相對位置（等級）。若品評時可感受到茶湯帶有苦味時，應抬高舌位，把茶湯壓入苦味敏感區舌根部位，進一步評定苦的程度。若懷疑茶湯帶有苦味，也可將茶湯咽下，如果舌根有苦味，表示茶湯確實有苦味成分，若無苦味的反應，那表示茶湯滋味濃稠具收斂性，可用開水稀釋茶湯，再喝一口可更容易感受茶湯之甘甜與香味。

一般最適合品評要求的茶湯溫度約 40 ～ 50 ℃。若茶湯高於 70 ℃進行品評，容易燙傷舌頭味覺器官，影響正常評茶。但若品評溫度低於 40 ℃時，隨著茶湯溫度下降，茶湯中的可溶性成分發生改變，帶有明顯缺點如菁苦澀的表現愈明顯。一般茶葉主要是沖泡飲用爲主，茶湯香氣滋味表現是評審重點，好茶之茶湯具有湯中帶香，滋味甘醇（甜）特點；若茶葉之茶菁條件不佳或製程有缺失，茶葉品質好壞藉由品評茶湯香氣滋味表現會高下立判，且茶湯溫度愈低缺點愈顯而易見。因此，品評茶湯滋味，可視茶湯實際降溫情況，延長至 8 ～ 10 分鐘或冷湯再開始品評會更準確。

(5) 觀葉底（圖 5-34）

最後審視杯中茶渣葉底，評審葉底主要靠視覺和觸覺來判別，首先應將茶渣倒入葉底盤或杯蓋上，並充分發揮眼睛和手指作用。根據葉底之色澤，茶芽

圖 5-34 觀葉底

之性質、軟硬、厚薄、老嫩、均勻性及發酵程度是否適當等來評定優劣，同時應注意有無參雜及異常的損傷，最後綜合評斷其品質之高低。

參考文獻

1. 阮逸明。2002。茶葉品質鑑定。茶業技術推廣手冊－製茶技術。行政院農業委員會茶業改良場編印。
2. 林育聖、楊小瑩、許淳淇、林儒宏。2021。水質之軟硬度與總溶解固體對茶類品評之影響介紹。臺中市茶商業同業公會第三屆紀念特刊。
3. 梁月榮。2011。現代茶業全書。中國農業出版社。
4. 楊亞軍。2009。評茶員培訓教材。金盾出版社。
5. 廖文如、楊盛勳。1994。茶葉官能品評能力與個人特質之相關研究。臺灣茶業研究彙報 13。
6. 戴佳如、劉天麟、陳國任、林金池。2012。水質及水溫對茶湯品質及化學成分之影響。臺灣茶業研究彙報 31。
7. ISO 3103. 2019. Tea－Preparation of Liquor for Use in Sensory Tests. BSI Standards Publication

▼ 附件 5-1　茶葉品評評分紀錄表

品評茶類：＿＿＿＿＿＿＿＿ 品評日期：＿＿ 年＿＿ 月＿＿ 日 品評人員：＿＿＿＿＿＿＿＿＿＿＿＿＿＿

編號	外觀（ %）		水色（ %）	香氣（ %）	滋味（ %）	葉底（ %）	總計	級別	評語描述
	形狀（ %）	色澤（ %）							

06

茶葉感官品評常用評語及茶類特色介紹

文／林金池、阮逸明、吳聲舜

圖／陳敏佳

（一）評語特性

茶葉評審需要累積多年經驗，並對臺灣特色茶產地、品種、製程及品質特徵有相當瞭解，評審時逐步在腦中建立強大資料庫或品質圖譜，當評審某一種茶葉時，感官會連結至資料庫進行比對，並進行確認，此時可採用評分法來分級或用評茶用語來描述茶葉品質特徵。

評茶用語是用簡短而明確的詞句記述感官品評鑑定茶葉品質的特點或優缺點的專業性用語，簡稱評語，評語的特性為：

1. 大都是形容詞及名詞。
2. 有的僅能專用於一種茶類，有的可通用於兩種或兩種以上茶類。如茶葉外形「緊細」描述鮮葉嫩度好，條緊圓直，多毫尖富白毫，常用於綠茶與紅茶術語。
3. 有的僅能用於描述單項品質，如「醇厚」僅適用於滋味一項；有的則可相互通用，如「純和、鮮甜」可用於描述香氣，亦可用於滋味。
4. 有些術語對某類茶是好的評語，而對另一類茶卻是壞的評語，如條索「卷曲」對碧螺春是優質綠茶的評語，而對龍井茶或煎茶卻是不好的評語。

臺灣各地產製之特色茶種類繁多且品質各異，有關缺點評語部分，其發生原因可能來自於茶葉採摘、製造或貯存控制不當，且缺點可能由一項或多項原因所導致。因目前尚未有完全統一的評茶用語，僅將現有最常用的評語以及常見缺點其發生原因彙整，期能供各界感官品評時參考應用。

（二）茶葉感官品評常用評語及常見缺點發生原因

1. 茶葉外觀

製作不同茶類茶菁有一定的採摘標準，如採單芽、一心一葉至二葉或開面採，就會影響製成之茶葉外觀之形狀色澤；另茶樹品種、肥培管理、海拔高度、季節及製程等亦會影響茶葉外觀，在審視時可利用視覺及觸覺進行評判。

審視外觀形狀與色澤時需注意其易受到評茶環境光線強弱、審茶盤擺設位置或置茶量多寡等因素之影響。

茶葉外觀（形狀與色澤）常用評語分別如表 6-1 及表 6-2，而外觀（形狀與色澤）常見缺點及其發生原因分別整理如表 6-3 及表 6-4。

▼ 表 6-1　茶葉外觀（形狀）評語（偏正面評語以橘底、偏負面評語以灰底標示）

評語	說明
細嫩	多為一心一葉至二葉鮮葉製成，芽條卷緊細圓多毫尖且白毫顯露。
緊細	鮮葉嫩度好，條緊圓直，多毫尖富白毫。綠茶與紅茶常用術語。
緊秀	鮮葉嫩度好，條細而緊且秀長，毫尖顯露。綠茶與紅茶常用術語。
緊結	鮮葉嫩度稍差，較多成熟茶（二、三葉），條索卷緊而結實，身骨重實，有芽毫或毫尖。
緊實	鮮葉嫩度稍差，但揉捻技術良好，條索鬆緊適中，有重實感，少毫尖。
壯結	條索壯大而緊結。
壯實	芽葉尚肥嫩，條索卷緊飽滿而結實（身骨重實）。
重實	指條索或顆粒緊結，身骨重以手權衡有重實感。
心芽、芽頭、芽尖	尚未發育開展成莖葉的嫩尖，一般茸毛多而呈白色。
顯毫	芽葉上的白色茸毛稱為「白毫」，芽尖茸毛多而濃密者稱「顯毫」或稱「茸毛顯露」；毫色有金黃、銀白、灰白等。
金毫、黃金白毫	紅茶揉捻後汁液沾染嫩芽茸毛成金黃色毫毛。
芽葉連理	芽葉相連成朵。
身骨	指葉質老嫩，葉肉厚薄，茶身輕重。一般芽葉嫩、葉肉厚、茶身重的，身骨好。
勻整、勻齊、勻稱	指茶葉形狀、大小、粗細、長短、輕重相近，拼配適當。
粗實	原料較老，已無嫩感，多為三、四葉製成，但揉捻充足尚能卷緊，條索（形）粗大尚重實。若葉片「破口」過多，則稱為「粗鈍」。（經過切斷處理的茶葉，茶條兩端顯得粗糙而不光滑者稱為「破口」）。
粗鬆	原料粗老，葉質老硬，不易卷緊，條鬆散，孔隙大，表面粗糙，身骨輕飄；或稱「粗老」。
脫檔	不同等級茶葉拼配不當，形狀粗細不整。
破口	茶葉精製切斷不當，茶條兩端的斷口粗糙而不光滑。
團塊、圓塊、圓頭	指茶葉結成塊狀或圓塊，因揉捻後解塊不完全所致。
短碎	條形短碎，外觀鬆散，缺乏整齊勻稱之感。
露筋	葉柄及葉脈因揉捻不當，葉肉脫落或皮層破裂，露出木質部稱之。
黃片、黃頭	粗老葉經揉捻呈塊狀，色澤黃者稱之。
碎片	茶葉破碎後形成的輕薄片。
粉末	指茶葉被壓碎後形成的粉末。
塊片	由單片粗老葉揉成的粗鬆、輕飄的塊狀物。
單片	未揉捻成形的粗老單片葉子。
紅梗	茶梗紅變稱之。

▼ 表 6-2　茶葉外觀（色澤）評語（偏正面評語以橘底、偏負面評語以灰底標示）

評語	說明
墨綠	深綠泛黑而勻稱光潤。
翠綠	翠玉色而帶光澤。
砂綠	如蛙皮綠而油潤，優質烏龍茶的色澤。
鱔皮色	砂綠蜜黃似鱔魚皮色，又稱鱔皮黃。
蛤蟆背色	葉背起蛙皮狀砂粒白點。
光（油）潤	色澤鮮明，光滑油潤。
灰綠	綠中帶灰。
草綠	葉質粗老，炒菁控制不當過乾，呈現綠草之色澤。
青褐	色澤青褐帶灰光。
黑褐（鐵鏽色）	深紅而暗，無光澤。
枯暗	葉質老，色澤枯燥且暗無光澤。
花雜	指葉色、老嫩或形狀不一，色澤雜亂。此術語也適用於葉底。

▼ 表 6-3　茶葉外觀（形狀）常見缺點及其發生原因

項目	可能發生的原因
粗鬆或粗扁	1. 茶菁原料粗老。 2. 炒得太乾。 3. 揉捻機性能不佳或操作方法不當（如揉捻量太少無法加壓）。
團塊	揉捻、團揉或擠壓後茶葉解塊不完全，數個芽葉交纏成塊。
黃片或黃頭	1. 茶菁原料粗老，炒太乾或炒後未即時揉捻。 2. 粗老葉經重壓揉碎者為黃片；粗老葉經揉成粗鬆團狀者為黃頭。
茶梗膨脹	乾燥溫度太高所致（一般此類茶樣皆帶火焦味）。
露筋	葉梗及葉脈因揉捻不當，皮層破裂，露出木質部。

▼ 表 6-4 茶葉外觀（色澤）常見缺點及其發生原因

項目	可能發生的原因
帶黃	1. 炒菁溫度太低，時間過長。 2. 炒菁時水氣排除不良（未適時送風或炒菁機之構造不良）。 3. 初乾時投入量超出乾燥機的容量或乾燥層堆疊太厚，致水氣排除不良而悶黃。 4. 東方美人茶炒菁後悶置回軟（炒後悶）時間太長。 5. 團揉過程布球內之茶葉溫度高且揉壓時間長。 6. 滾桶（桶球機）整形過程投入量過多，致水氣排除不良而悶黃。 7. 短期貯存不當色澤劣變（包裝不良且在高溫高溼下短期貯放，此類茶樣多帶輕微陳茶味）。
暗墨綠	1. 含水量高的茶（如下雨菁、露水菁、幼嫩芽葉）萎凋不足。 2. 炒菁時芽葉中水分含量未適當藉熱蒸散而降低（炒菁後茶葉水分含量仍高）。
黑褐 （鐵鏽色）	萎凋不足而大力攪拌致芽葉嚴重擦傷或壓傷，走水不順，強迫茶葉異常發酵所致（若萎凋與發酵正常緩慢進行，則葉緣轉成紅褐色，即所謂的綠葉鑲紅邊）。
帶灰	1. 茶葉熱團揉過程水分含量控制不當，茶葉已達七、八成乾（含水量 15 ～ 20 %）仍進行強力團揉或溫熱（ 50 ～ 80 ℃）長時間圓筒覆炒，使茶葉間或茶葉與炒鍋過度摩擦所致。 2. 滾桶整形時間控制不當，茶葉已達七、八成乾仍繼續滾桶整形（但眉茶、珠茶因要求帶銀灰光澤例外）。 3. 成茶為提升乾燥度與焙炒香，於炒鍋內翻炒，茶葉與炒鍋過度摩擦所致，如屏東港口茶。
暗褐帶黑	1. 茶葉貯存不當色澤劣變（包裝不良且在高溫高溼環境下長期貯放，此類茶樣多帶陳茶味）。 2. 高溫（ 130 ℃以上）長時間烘焙（此類茶樣多帶火焦味）。

2. 茶湯水色

茶葉沖泡後，茶湯中的茶多元酚類等化合物與空氣接觸後會逐漸氧化，導致茶湯變色。審視水色時需注意其易受到沖泡或評審時間長短、評茶環境光線強弱、審茶杯碗擺設位置、茶湯量或細碎茶渣等沉澱物多寡等因素之影響。因此，在聞香前要先對茶湯水色進行評鑑，主要從茶湯之色度、明亮度或清濁等方面辨識茶湯顏色深淺明暗正常與否或清濁程度。色度依據各茶類而定，但要求鮮豔；明亮度要求愈明亮品質愈好。一般綠茶要求嫩綠明亮，清香型烏龍茶爲蜜綠或蜜黃明亮，焙香型烏龍茶爲金黃明亮，紅茶則要求紅豔有亮。

茶湯水色常用評語如表 6-5，而水色常見缺點及其發生原因整理如表 6-6。

▼ 表 6-5 茶湯水色評語（偏正面評語以橘底、偏負面評語以灰底標示）

評語	說明
清澈	茶湯清淨透明無沉澱物或懸浮物。
明亮	水色清澈透明，顯油光。
鮮豔	水色鮮明豔麗，清澈明亮。
豔綠	水色翠綠微黃，清澈鮮豔，亮麗顯油光。
蜜綠（綠黃）	水色綠中顯黃，似蜂蜜水。
蜜黃（黃綠）	水色黃中帶綠，似蜂蜜水。
淺黃	水色黃而淡，亦稱淡黃色。
金黃	水色以黃為主稍帶橙黃色，清澈亮麗，猶如黃金之色澤。
橙黃	水色黃中微帶紅，似成熟甜橙之色澤。
橙紅	水色紅中帶黃，似成熟桶柑或椪柑之色澤。
紅豔	水色清澈亮麗紅琥珀色而杯緣鑲金邊。
紅亮	水色不濃，但紅而透亮。
冷後渾、乳凝（cream down）	茶湯冷卻後出現淺褐色或橙色乳狀的渾濁現象，品質好滋味濃烈的紅茶常有此現象。
紅淡	水色紅而淺淡。
紅湯（水紅）	水色淺紅或暗紅，可能烘焙過度或為陳茶。
深暗、紅暗	水色深而暗，略呈黑色，又稱紅暗。紅茶發酵過度、貯存過久或陳化後常有此水色。
渾濁	水色不清，沉澱物或懸浮物多，透明度差。
昏暗	水色不明亮，但無懸浮物。
沉澱物	沉於審茶碗底之物質。

▼ 表 6-6 茶湯水色常見缺點及其發生原因

項目	可能發生的原因
渾濁（杯底呈現渣末）	1. 揉捻過度，尤其是團揉過度。 2. 揉捻機或其他製茶器具上茶粉（末）未清除乾淨。
渾濁（水色不清澈明亮）	1. 炒菁控制不當，茶葉保留過多水分，導致揉捻時起泡沫。 2. 茶葉貯放期間含水量過高或乾燥不完全，易帶悶雜味。
水色淡薄	1. 炒菁時炒得太乾。 2. 泡茶用水之礦物質含量低，如純水、RO 水或水質不良。
太紅	1. 製程控制不當，使芽葉受傷紅變或茶葉發酵過度。 2. 茶葉長期貯存不當劣變。（此類茶葉多帶陳味）
淡青紫黑色	泡茶用水或器具含有鐵離子或其他二價、三價之金屬離子。
紅褐帶黑	茶葉經高溫（ 140 ℃以上）長時間（ 4 小時以上）烘焙。

3. 茶葉香氣

茶葉香氣是由多種揮發性成分所組成，一般聞香是綜合評判茶葉香氣類型、高低或強弱，及是否有無雜異味等。評審香氣在茶葉感官品評中的技術難度最高，其中熱嗅可鑑別茶葉香氣高低程度及純異，冷嗅可評判茶葉香氣持久性，好茶無論熱嗅或冷嗅均有餘香。

茶葉香氣常用評語如表 6-7，而香氣常見缺點及其發生原因整理如表 6-8。

▼ 表 6-7　茶葉香氣評語（偏正面評語以橘底、偏負面評語以灰底標示）

評語	說明
鮮爽	香氣新鮮、活潑、嗅後有爽快愉悅感覺。
毫香	白毫顯露的鮮嫩芽葉所具有的香氣，白茶、東方美人茶常見術語。
濃、鮮濃	香氣飽滿，但無鮮爽特點稱為「濃」；兼有鮮爽與濃的香氣稱為「鮮濃」。
幽雅	香氣文秀，類似淡雅花香，但又不能具體指出那種花香者，以香氣「幽雅」、「花香」或「幽香」稱之。
純和（純正）	香氣純淨正常，不高不低不高揚，無雜異味。
濃郁、馥郁	帶有濃郁持久的特殊花香稱為「濃郁」；比濃郁香氣更幽雅的稱為「馥郁」。
清香	香氣清純不雜，令人有愉悅感。
高香	香高而持久，高山茶常有高香且細膩的香氣。
花果香	類似各種新鮮花果的香氣，製造優良的茶才有此香。
鮮甜	鮮爽帶有甜香。紅茶常帶有此種香氣，此術語也適用於滋味。
甜香（蜜糖香）	帶類似蜂蜜、糖漿或龍眼乾之香氣。
甜和（甜純）	香氣不高，但有甜感。
火香	茶葉經適度烘焙而產生的焙火香。
炒米香	類似爆米花之香氣，為茶葉經輕度烘焙或焙炒的香氣。
平淡	香氣淡薄，但無粗老氣或雜氣。
蔬菜香	類似蔬菜（空心菜）經沸水燙煮後之香氣，此類香氣評語常用於綠茶。
菁味	似青草或鮮採茶菁之氣味。
青味	茶菁日光萎凋後已不帶有菁臭味，但因炒（蒸）菁不足或攪拌發酵不足而帶有青味。
粗淡	香氣低，有老茶的粗糙氣，也稱粗老氣。
高火	乾燥溫度或烘焙溫度太高，尚未燒焦而帶焦糖香。
火（焦）味	炒菁、乾燥或烘焙控制不當，致茶葉燒焦帶火焦味。
悶（熟）味	似青菜經燜煮之令人不愉快氣味，俗稱「豬菜味」。
濁氣	茶葉夾有其他氣味，沉濁不清之感。
陳味（氣）	茶葉陳化氣息。
雜（異）味	非茶葉應具有之氣味如煙味、霉味、陳味、油味、酸味、土味或日曬味等不良氣味，一般都指明屬於那種雜味，若無法具體指明時僅以雜（異）味稱之。

▼ 表 6-8　茶葉香氣常見缺點及其發生原因

項目	可能發生的原因
菁味 （臭菁味）	1. 栽培管理氮肥施用過多，茶樹未完全吸收轉化。 2. 茶菁幼嫩、雨水菁或露水未乾即行採摘。 3. 日光萎凋或攪拌不當，造成發酵不足。 4. 萎凋室之溫度低、相對溼度高，水分散失不易。 5. 攪拌不當，葉部組織損傷，走水不順暢（積水）。 6. 生葉炒菁未熟透或茶梗太粗未炒熟透。
悶味	1. 生葉採摘大量堆放茶菁籃內產生呼吸熱或萎凋時高溫悶置。 2. 揉捻時在高溫多溼環境下，沒有即時解塊散熱。 3. 熱團揉或擠壓時茶菁悶置太久。 4. 初乾時投入量超出乾燥機排氣量，茶葉在高溫高溼下受悶。
酸味	1. 初乾茶葉含水量過高，布球揉捻前，易因微生物感染而使茶葉產生酸味。 2. 紅茶發酵製程揉捻葉堆疊太厚或高溫長時間發酵。 3. 茶葉含水分高且貯放環境不佳或貯放多年。
淡味	1. 茶菁過度老採（飽菜）。 2. 萎凋葉消水過度。 3. 炒菁過程炒太乾。
火焦味 （火味）	1. 炒菁溫度太高，炒菁程度不均，部分生葉粘黏鍋壁燒焦。 2. 乾燥溫度太高，茶葉燒焦帶有火焦味。 3. 高溫（140 ℃以上）長時間（4 小時以上）烘焙。
煙味	1. 熱風機內層爐避出現裂縫或小孔，燃燒油或柴木之煙氣滲入熱風進入乾燥機汙染茶葉。 2. 炭焙時，茶葉細屑茶末、茶角或茶葉不小心掉入焙爐起煙被茶所吸附。
油味	製茶機械潤滑油脂不注意掉入茶葉中。
陳茶味 （油耗味）	1. 茶葉條件欠佳或貯放不當，油脂氧化引起。 2. 茶葉再乾後水分含量超過 5 %以上，且貯存在高溫多溼環境下，易因水氣吸收及茶葉與氧氣接觸，菌類孳生，呈現陳茶味、油耗味或酸味。
雜（異）味	1. 採茶（尤其剪採或機採）不注意將具有濃烈惡臭的雜草一併採摘製作。 2. 製茶環境不清潔。 3. 製茶機具不清潔帶異味。 4. 工廠衛生未注意，製茶時具惡臭之昆蟲掉入揉捻機內與茶葉混揉。 5. 泡茶用具不清潔帶異味或用沾有異味之手（如抽菸、塗護手霜）抓取茶樣。

4. 茶湯滋味

茶湯滋味因茶類而有所不同，滋味的評判係依據濃淡、厚薄、甘苦、醇澀或後韻（餘後感）等來評定等級，其中滋味的鮮醇回甘對各茶類而言都很重要。茶湯溫度的高低是影響味覺靈敏度的重要因素，在聞香 6 ～ 8 分鐘後，茶湯已經降到 50 ℃以下即可進行滋味的評鑑。取一湯匙茶湯吸入口內，啜吸兩三次，使茶湯與舌頭上的各個部位的味覺器官接觸，進而評定茶湯滋味之濃淡、強弱、鮮爽或醇厚等。

茶湯滋味常用評語如表 6-9，而滋味常見缺點及其發生原因整理如表 6-10。

▼ 表 6-9　茶湯滋味評語（偏正面評語以橘底、偏負面評語以灰底標示）

評語	說明
鮮爽	鮮活爽口。
鮮甜	具有甜的感覺而爽口。
甘鮮	鮮潔有甜感。
甘滑	帶甘味而滑潤。
回甘	湯茶入口，先微苦後回甜，具收斂性。
醇	清爽正常，略帶甜。
清醇	茶湯味新鮮，入口爽適。
醇和	滋味甘醇味甜欠濃稠，鮮味不足無粗雜味。
醇厚	滋味鮮活甘醇濃稠。
濃醇	茶湯濃厚鮮爽適口，回味甘醇，刺激性比濃厚弱比醇厚強。
濃厚、濃烈	茶湯滋味強勁濃厚刺激性及收斂性強。
平和	茶味正常，刺激性弱。
收斂性	茶湯入口後富有刺激性，口腔有緊縮感，咽下 3 ～ 5 秒後緊縮感降低，表現飽滿回甘，品質好滋味濃強鮮爽的紅茶常有此現象，可將此茶湯稀釋即可呈現鮮醇特色。
苦	茶湯入口即有苦味，後味更苦。
澀	茶湯入口舌頭有麻木厚舌的感覺。
粗	茶湯入口粗糙滯鈍，有顆粒感。
平淡（淡薄、清淡）	滋味正常但清淡，濃稠感不足，無粗老或雜異味。
粗淡	滋味淡薄，粗糙不滑。
粗澀	澀味強而粗糙不滑。
青澀	澀味強而帶青草味或生青味。
苦澀	滋味雖濃但苦味與澀味強勁，茶湯入口，味覺有麻木感。
熟味	茶湯入口不鮮爽，帶有蒸熟或悶熟味。
陳味	茶貯放後陳變的滋味。
高火味	高溫乾燥或烘焙後的茶葉，在嚐滋味時亦帶有火氣味。
水味	茶葉受潮或乾燥不足之茶葉，滋味軟弱無力。
異味	焦、煙、酸、餿、霉或藥等茶葉劣變或汙染外來物質所產生的氣味。

▼ 表 6-10 茶湯滋味常見缺點及其發生原因

項目	可能發生的原因
苦味	1. 氮肥施用過多或茶樹吸收未完全轉化。 2. 茶菁過於嫩採或採摘夏季茶菁原料製造，咖啡因與多元酚類含量高。 3. 萎凋攪拌不當，葉部組織損傷，走水不順暢（積水）。 4. 烘焙過程，咖啡因隨著水分蒸發，剛好移至茶葉表面。
澀味	1. 採摘夏秋季茶菁原料製造，多元酚類含量高。 2. 萎凋攪拌不當，葉部組織損傷，走水不順暢（積水）。
粗味	1. 茶菁粗老，黃片多。 2. 茶菁成熟度高，高溫長時間過度烘焙。
淡味	1. 茶菁過度老採（飽菜）。 2. 萎凋葉消水過度。 3. 炒菁過程炒太乾。
菁味（臭菁味）	1. 栽培管理氮肥施用過多，茶樹未完全吸收轉化。 2. 茶菁幼嫩、雨水菁或露水未乾即行採摘。 3. 日光萎凋或攪拌不當，造成發酵不足。 4. 萎凋室之溫度低、相對溼度高，水分散失不易。 5. 攪拌不當，葉部組織損傷，走水不順暢（積水）。 6. 生葉炒菁未熟透或茶梗太粗未炒熟透。
熟味	1. 茶葉高溫長時間烘焙。
陳茶味（油耗味）	1. 茶葉條件欠佳或貯放不當，油脂氧化引起。 2. 茶葉再乾後水分含量超過 5 %以上，且貯存在高溫多溼環境下，易因水氣吸收及茶葉與氧氣接觸，菌類孳生，呈現陳茶味、油耗味或酸味。
高火味	1. 炒菁溫度太高，炒菁程度不均，部分生葉粘黏鍋壁燒焦。 2. 乾燥溫度太高，茶葉燒焦帶有火焦味。 3. 高溫（ 140 ℃以上）長時間（ 4 小時以上）烘焙。
水味	1. 茶葉緊結乾燥不足。 2. 茶葉貯放不當受潮。
雜（異）味	1. 採茶（尤其剪採或機採）不注意將具有濃烈惡臭的雜草一併採摘製作。 2. 製茶環境不清潔。 3. 製茶機具不清潔，機體內前季茶葉混入製作或乾燥。 4. 工廠衛生未注意，製茶時具惡臭之昆蟲掉入揉捻機內與茶葉混揉。 5. 泡茶用具不清潔帶異味或用沾有異味之手（如抽菸、塗護手霜）抓取茶樣。

5. 茶葉葉底

將沖泡後已經舒展開之茶渣倒入葉底盤或杯蓋上，並將芽葉攤開，檢視茶菁之老嫩度、均勻度、色澤深淺、茶樹品種、採摘季節、夾雜物或製程有無明顯缺失等。葉底的評審可用眼睛觀察芽葉色澤與組成、葉片的大小或均勻性；也可用手觸摸葉片厚實度與柔軟度等。

茶葉葉底常用評語如表 6-11，而葉底常見缺點及其發生原因整理如表 6-12。

▼ 表 6-11　茶葉葉底評語（偏正面評語以橘底、偏負面評語以灰底標示）

評語	說明
鮮嫩、鮮亮	葉質細嫩，葉色鮮豔明亮。
柔嫩、柔軟	芽葉細嫩、葉質柔軟，光澤好，手指撫摸如錦或綿。
肥厚	芽葉肥壯、葉肉厚，質軟，葉脈隱現。
舒展、開展	沖泡後茶葉自然展開，葉質柔軟。
紅邊	烏龍茶萎凋攪拌發酵適度，葉緣有紅邊或紅點，紅色部分鮮豔明亮。
紫銅色	色澤明亮呈紫銅色，為優質紅茶的葉底顏色。
紅勻	紅茶葉底勻稱，色澤紅而明亮，常見於茶葉鮮嫩且製作質佳之紅茶。
瘦薄	葉瘦薄無肉，質硬，葉脈顯現。
粗老	葉質粗大質硬，葉脈隆起具粗糙感。
卷縮	沖泡後茶葉無法完全開展，常因乾燥或烘焙溫度太高使果膠類物質凝固導致葉底卷縮。
破碎	芽葉斷裂、破碎葉片多。
暗雜	葉色暗沉、老嫩不一。

▼ 表 6-12　茶葉葉底常見缺點及其發生原因

項目	可能發生的原因
瘦薄	1. 茶樹生長環境差，海拔低，生長快速。 2. 肥培管理不佳。
粗老	1. 茶菁原料粗老。 2. 萎凋攪拌控制走水不當，成熟葉未適時補充水分導致纖維化。 3. 成熟葉片炒太乾。
卷縮	1. 團揉或擠壓過度。 2. 乾燥或烘焙溫度太高。
破碎	1. 炒菁過程炒太乾。 2. 揉捻或團揉壓力太大，茶葉互相擠壓造成葉片破碎。 3. 條形茶抽真空包裝時壓力太大。
暗雜	1. 茶菁老嫩不一（公孫菜）。 2. 早中晚菁混合，葉色不均。
紅梗	1. 炒菁不足，梗末炒熟。 2. 夾雜老梗。

（三）臺灣特色茶產區與品質特性介紹

1. 臺灣綠茶（圖 6-1、圖 6-2）

(1) 茶類由來

1904 年日治時期爲提供臺灣在地的綠茶消費，延聘中國綠茶製茶師傅在苗栗廳農會三叉河支會舉辦綠茶製法講習會，爲臺灣製造綠茶的開端。但因怕與日本綠茶競爭，當時在臺灣並不鼓勵大量生產，僅於臺北州淡水郡淡水街、新莊郡林口庄及新竹州苗栗郡三叉庄等處製造少量的綠茶，供應內銷需求。

圖 6-1　臺灣綠茶（碧螺春）外觀

圖 6-2　臺灣綠茶（碧螺春）茶湯水色

二戰之後，民國 37 年（1948）上海茶商唐季珊自中國引進綠茶鍋炒技術，以產製眉茶與珠茶等兩種綠茶銷往北非市場。民國 43 年（1954）至民國 49 年（1960）綠茶與紅茶輸出並駕齊驅。民國 63 年（1974）以後，因能源危機與臺幣升值，綠茶輸出市場開始逐漸下滑，民國 74 年（1985）桃竹苗等地生產綠茶（煎茶）大廠幾乎全部關門歇業。後期僅剩臺北縣三峽鎮（現新北市三峽區）還生產龍井綠茶供內銷之用，至民國 90 年（2001）後又逐步發展碧螺春綠茶，也正符合近年來飲用綠茶有益身體健康風潮，並深獲消費者肯定與喜愛。

(2) 品質特性

綠茶是一種不發酵茶，因製法不同，有蒸菁綠茶和炒菁綠茶之分，前者早期專銷日本，後者則外銷北非等國家。綠茶是臺灣自光復後至 1980 年代外銷最多的茶類。傳統綠茶在製造過程中生鮮茶菁不經萎凋與發酵直接進行炒菁或蒸菁。煎茶或龍井茶的茶葉外型似劍片狀，茶湯翠綠顯黃，香郁味甘，滋味活潑，有清新爽口感。碧螺春則因茶葉滿身披毫、銀綠隱翠、捲曲成螺而著稱。龍井及碧螺春綠茶被愛茶人譽爲「四絕之美」，即形狀優美、顏色濃綠、香氣凜冽、滋味甘醇。

新北市三峽茶區毗鄰新店、土城、樹林、鶯歌、大溪，連接文山茶區，是臺灣目前唯一僅剩的專業炒菁綠茶產區。三峽區茶樹主要栽種品種爲「青心柑仔」，並以手採一心二葉嫩芽製成碧螺春供應內銷爲主，碧螺春的產期在每年 3 月至 12 月，其中在 3 ～ 5 月及 10 ～ 12 月生產的品質較佳。目前一般茶農在茶菁進廠後，會將茶菁薄攤於笳籬上進行室內萎凋，當茶菁細梗稍微皺縮白毫顯露再進行炒菁、揉捻及乾燥作業，製成之碧螺春綠茶外觀墨綠色白毫顯露，纖細捲曲成螺，水色綠中帶黃，清新蔬果香，滋味鮮爽微澀回甘。

(3) 適製品種：青心柑仔、臺茶 12 號（金萱）、青心大冇等。

2. 文山包種茶（圖 6-3、圖 6-4）

(1) 茶類由來

早期臺灣先民仿製之烏龍茶需運往廈門與福州等地精製，再運往南洋等地銷售。直至 1869 年陶德來臺擴展臺茶事業，以臺灣茶（Formosa Tea）之名直運紐約銷售，從此開啓臺灣烏龍茶國際銷售管道。

圖 6-3　文山包種茶外觀

烏龍茶歷經 1873 年的滯銷；1881 年福建同安源隆號茶商吳福老遂引進安溪縣王義程於 1796 年創製的包種茶製法，在臺北大稻埕設廠製造包種茶，爲臺灣製造包種茶之開端。因其利用俗稱「種仔」的青心烏龍品種製成烏龍茶，再加以薰花改製，並用四方形毛邊紙包裝，而成爲包種茶通俗名稱的由來。

圖 6-4　文山包種茶茶湯水色

到了十九世紀中後期（道光年間），此時期的包種茶是經過薰花製成，主要銷往南洋僑民。民國 1 年（1912）以現今南港、內湖、文山及深坑地區的改良式包種茶製法品質最佳，強調不薰花卻能散發花香味。民國 9 年（1920）由魏靜時與王水錦兩位講授及推廣生產售價較高的包種茶，銷往中國東北市場，成為現代包種茶製法的基礎。當時生產的地區在現今新北市與臺北市行政轄區內，日治時期多隸屬臺北州文山郡管轄，故統稱為「文山包種茶」。

⑵ 品質特性

文山包種茶產於臺灣北部山區鄰近烏來風景區。以新北市坪林、石碇及新店區所產最負盛名。文山包種茶屬於輕發酵茶類，發酵度約 12 ～ 15 %，成茶之外觀條索彎曲，色澤鮮豔墨綠，水色蜜綠或蜜黃明亮，香氣清香幽雅似花香，滋味甘醇滑潤帶活性。

此類茶著重香氣，香氣愈濃郁品質愈高級，其具「香、濃、醇、韻、美」的五大特色，是茶中極品。

⑶ 適製品種：青心烏龍、臺茶 12（金萱）、13（翠玉）、19（碧玉）、20（迎香）及 22 號（沁玉）等。

圖 6-5　清香烏龍茶外觀

3. 清香烏龍茶（圖 6-5、圖 6-6）

⑴ 茶類由來

包種茶與烏龍茶早期都是條形，谷村愛之助與井上房邦在民國 18 年（1929）共同研發出半球形烏龍茶製法，其利用傾斜 60 度的炒鍋，於包種茶乾燥過程翻炒成如鐵觀音的半球形或眉形，再以焙籠烘至足乾。民國 28 年（1939）大稻埕福記茶行王泰友與安溪友人王德兩人，將此製法仿鐵觀音茶布巾包揉製造，改良成布球揉捻包種茶

圖 6-6　清香烏龍茶茶湯水色

製法，並將此製法傳授到南投名間、凍頂、臺北木柵、南投鹿谷永隆村及花蓮瑞穗。1950 年代起南投名間茶區開始生產布球揉捻半球形烏龍茶，1970 年代逐漸擴及其他地區。

民國 62 年（1973）南投縣鹿谷鄉永隆村陳拍收研發布球揉捻機成功，一臺布球揉捻機一次可揉 4 粒布球，因仍需靠手工束包揉捻成布球，故每球重約 2 ～ 3 斤（約 1.2 ～ 1.8 公斤），但仍對布球揉捻效率提升有非常大之幫助。民國 73 年（1984）南投縣名間鄉陳清鎮研發束包機成功，每粒布球重量增加到 7 ～ 8 斤（約 4.2 ～ 4.8 公斤），每次可用布球揉捻機揉 3 粒，至民國 89 年（2000）以後，每粒布球重量增加到 25 斤（約 15 公斤）以上，每次可用布球揉捻機揉 2 粒，布球揉捻效率較 20 年前提升 5 倍以上。另於民國 80 年（1991）臺中縣大甲鎮楊山虎研發蓮花束包整形機，可讓最後團揉階段之茶葉顆粒更圓緊。由於布球揉捻機及束包機相繼發明，使布球揉捻工序得以機械替代人工，節省勞力，增加產量及降低成本，茶葉外形也由手工布球揉捻時的半球形轉成機械化的球形。民國 100 年（2011）有業者自中國引進改良之擠壓機代替束包機及布球揉捻機的功能，雖然整形快速且省工，其成茶色澤翠綠，香氣清雅，但因未經布球揉捻，滋味稍嫌淡薄而不耐泡。宜考慮將擠壓機、束包機及布球揉捻機適當搭配使用，除能省工外，又可保有臺灣茶特有香氣與滋味的特色。

高山烏龍茶推廣則因民國 65 年（1976）以後由於工商業繁榮與發展，臺灣外銷茶節節衰減後，茶改場吳振鐸前場長提出高海拔地區可得到高品質茶葉的觀點後，內銷茶開始興起，茶園種植面積大幅變遷，北部桃竹苗茶區由於工商業發展快速銳減，茶區逐年往中南部海拔 1,000 公尺以上高山茶區發展臺灣各大高山系紛紛種茶製茶，嘉義縣梅山地區率先發展成臺灣第一個高山茶區，推出碧湖與龍眼林茶，高山中因日夜溫差大，茶葉肥厚且柔軟，內容物含量高，茶湯柔軟甘甜，深受消費者喜好，逐漸主導臺灣茶的消費導向。茶區快速發展至嘉義縣竹崎、番路及阿里山茶區；南投縣鹿谷、竹山、仁愛及信義茶區，及近年來海拔介於 1,800 ～ 2,500 公尺之南投縣仁愛鄉翠峰、翠巒、大禹嶺及臺中梨山茶區，隨後桃園市復興區拉拉山茶區、新竹縣五峰與尖石茶區及苗栗縣泰安與南庄高山茶相繼興起。早期茶商上山買茶還得使用海拔高度計作爲判斷依據。

⑵ 品質特性

清香烏龍茶屬輕發酵茶類，發酵度約 15 ～ 20 %，成茶之外觀色澤翠綠鮮活，水色蜜綠顯黃，香氣淡雅，滋味甘醇滑軟厚重帶活性及耐沖泡等特色。飲茶人士所慣稱的「高山烏龍茶」是指拔 1,000 公尺以上茶園所產製的球形烏龍茶（市面上俗稱烏龍茶）。主要產地爲嘉義縣、雲林縣、南投縣、臺中市及桃竹苗等新興茶區，因爲高山氣候冷涼，早晚雲霧籠罩，平均日照短，致茶樹芽葉所含兒茶素類等苦澀成分含量降低，而茶胺酸及可溶氮等對甘味有貢獻之成分含量提高，且芽葉柔軟，葉肉厚，果膠質含量高。

⑶ 適製品種：青心烏龍、臺茶 12、13、19、20、22 號及四季春等。

4. 凍頂烏龍茶（圖 6-7、圖 6-8）

⑴ 茶類由來

「凍頂」一詞最初來自鹿谷鄉的凍頂山，當地生產的茶葉稱爲凍頂茶。凍頂茶的起源說法有三，據說早年鹿谷地區只產製野生茶，因在清代文獻記載的茶是臺灣野生茶，產於水沙連，即今日竹山、鹿谷、魚池、埔里至仁愛等廣大地區；後來在清嘉慶年間福建人柯朝引入烏龍品種於文山茶區種植，約咸豐年間由移民拓墾者或凍頂蘇家祖先自臺灣北部將茶種或茶苗引進凍頂地區種植，產製的茶葉反而更受歡迎。另一則關於凍頂茶的傳說發生於清朝咸豐年間，鹿谷鄉人林鳳池赴福建應考舉人及格返鄉，於武夷山取回烏龍品種茶樹 36 株；爲答謝鄉親林三顯資助旅費，林鳳池將其中 12 株送給林三顯，種植於鹿

圖 6-7 凍頂烏龍茶外觀

圖 6-8 凍頂烏龍茶茶湯水色

谷鄉麒麟潭邊山麓上，開啓凍頂茶的歷史紀元。

民國 64 年（1975）臺灣茶步入由外銷轉內銷的轉型期，民國 65 年（1976）鹿谷鄉內種茶面積還不多，大約七、八十公頃左右，且茶價低迷，茶農收入不多，這年比照民國 64 年（1975）在新店辦理的第一次優良茶比賽方式，辦理了第一屆鹿谷鄉優良茶比賽會，再經農會推廣與改良，及蔣經國先生數度造訪品飲後才聲名大噪。凍頂茶到了茶葉團揉過程布球揉捻的平揉機及束包機問世後，由於機械力的輔助，茶葉外形更爲緊結，已由半球形轉爲球形茶，及在高山茶區興起的推波助瀾下，成爲目前臺灣聲名遠播的主流茶葉。

(2) 品質特性

凍頂烏龍茶屬中發酵茶類，發酵度約 25 ～ 30 %，原產於中南部鄰近溪頭風景區（海拔 500 ～ 800 公尺山區），涵蓋南投縣名間鄉、竹山鎮等茶區。此類茶因製造過程經過布球揉捻（團揉）及 120 ℃以上高溫烘焙過程，外觀緊結成半球或球形，色澤墨綠，水色蜜黃或金黃亮麗，香氣濃郁具焙火香，滋味醇厚甘韻足，飲後回韻無窮，是香氣與滋味並重的臺灣特色茶。

(3) 適製品種：青心烏龍、臺茶 12、13、19、20、22 號及四季春等。

圖 6-9　鐵觀音茶外觀

5. 鐵觀音茶（圖 6-9、圖 6-10）

(1) 茶類由來

鐵觀音是茶名，亦是品種名，目前臺灣鐵觀音製法與中國鐵觀音並不相同，前者爲多次覆揉覆焙，水色呈橙黃顯紅琥珀色，而後者在茶芽長至對口葉再行採摘，呈黃湯。臺灣鐵觀音發展起於張迺妙先生於民國 5 年（1916）獲得臺灣勸業共進會辦理初製包種茶品評特等「金牌賞」，之後十年獲聘擔任臺北

圖 6-10　鐵觀音茶茶湯水色

州廳巡迴茶師。民國 8 年（1919）張迺妙兄弟並自福建安溪引進鐵觀音茶樹品種在木柵樟湖山種植，使木柵成為鐵觀音茶主要栽種區域。民國 26 年（1937）再引進安溪鐵觀音的製茶技術，成為木柵鐵觀音茶的濫觴。目前鐵觀音茶可分為以鐵觀音品種製成的茶（正欉鐵觀音），及利用不同茶樹品種如臺茶 12 號、硬枝紅心、武夷及四季春等茶菁原料再以鐵觀音特定製法製成的茶。

(2) 品質特性

鐵觀音茶屬中發酵茶類，發酵度約 35 ～ 40 %，目前製法與球形烏龍茶類似，惟傳統製程特點即是茶葉經初焙未足乾時，將茶葉用方形布巾包裹，揉成球狀，並輕輕用手在布包外轉動揉捻。將布球茶包放入「文火」的焙籠上慢慢烘焙，使茶葉形狀彎曲緊結，如此反覆進行焙揉，茶葉成分藉焙火之溫度轉化其香與味，經多次沖泡仍芳香甘醇而有回韻。鐵觀音茶因具有烘焙製程，沖泡後之水色橙黃顯紅琥珀色，味濃而醇厚，微澀中帶甘潤，並有種純和的弱果酸味。尤以鐵觀音品種製造為上品（俗稱正欉鐵觀音），目前主要生產於臺北市木柵茶區及新北市石門茶區（硬枝紅心）。

(3) 適製品種：鐵觀音、臺茶 12 號、硬枝紅心、武夷及四季春等。

圖 6-11　東方美人茶外觀

圖 6-12　東方美人茶湯水色

6. 東方美人茶（圖 6-11、圖 6-12）

(1) 茶類由來

東方美人茶學術上稱為白毫烏龍茶，又稱膨風茶或椪風茶，其成茶白毫顯露，最佳之外觀常具有五種顏色又稱「五色茶」，其茶湯紅褐如香檳又叫「香檳烏龍茶」，更傳英女皇飲後讚不絕口，因只知來自東方，故被稱為「東方美人茶」。東方美人茶是臺灣茶類中稱呼最多的茶，只因它是臺灣自行研製的特色茶，每年在芒種至大、小暑期間，採摘小綠葉蟬刺吸過的茶樹芽葉，因芽葉萎縮須以手採，產製量極低，又因重萎凋、重攪拌及重發酵，製造工序中炒菁後需用溼布巾悶置回軟，才能揉捻成形，堪稱全球製茶特有技法。

(2) 品質特性

東方美人茶屬重發酵茶類，發酵度約 50 ～ 60 %，是臺灣本土研製的特色茶。茶菁原料是採自受茶小綠葉蟬刺吸的幼嫩茶芽（著蜒），萎凋後經手工攪拌妥善控制發酵，使茶葉產生獨特的蜜糖香或熟果香。東方美人茶盛產於夏季芒種前後小綠葉蟬繁衍期間，因氣候變遷，冬季亦呈常態。目前主要以新北市石碇區、桃園市龍潭區、新竹縣北埔鄉、峨眉鄉及苗栗縣頭份市、銅鑼鄉一帶茶區之夏冬兩季產製之東方美人茶最負盛名。此茶類製造工序經重萎凋、重攪拌，在炒菁後需用溼布巾悶置回潤，才能揉捻成型，成茶外觀白綠黃紅褐相間，猶如花朵，高級者更帶白毫，茶湯水色橙紅清澈明亮，香氣聞之帶有天然濃郁的蜜糖香或熟果香，茶湯入口滋味甘醇圓潤之熟果味且持久耐泡餘韻無窮等特色。

(3) 適製品種：青心大冇、臺茶 12、17、20、22 號及青心烏龍等。

圖 6-13　紅烏龍茶外觀

7. 紅烏龍茶（圖 6-13、圖 6-14）

(1) 茶類由來

「紅烏龍」是臺灣繼條形包種茶、東方美人茶、球形烏龍茶三大本土特色茶之後，由茶改場東部分場吳聲舜分場長於民國 97 年（2008）7 月，針對臺東縣福鹿茶區產製特色與氣候土宜提出發展重萎凋、發酵程度重之烏龍茶新製法。經團隊不斷的研究改良，以烏龍茶製法融入紅茶工藝所創製出新的烏龍茶

圖 6-14　紅烏龍茶茶湯水色

加工技術。因茶湯水色橙紅明亮澄清，有如紅茶般的水色，但滋味帶有明顯的烏龍茶的口感，遂取名爲「紅烏龍」。

(2) 品質特性

「紅烏龍」是結合烏龍茶與紅茶加工特點所新創製出來的特色茶，發酵程度可說是目前烏龍茶類中最重的，發酵度約 70 ～ 80 %，茶湯水色較鐵觀音茶和東方美人茶（膨風茶）爲深。成茶外觀爲球形且烏黑亮麗，水色橙紅、明亮澄清具有光澤，滋味甘甜滑潤。雖說水色接近紅茶但並未有紅茶的菁澀味，這是紅烏龍異於傳統紅茶又兼具烏龍茶的香氣與滋味最大特色，是冷熱泡皆宜的新興特色茶。要如何形容紅烏龍的品質特色，民國 100 年（2011）時任鹿野鄉公所研考乙職的茶人洪飛騰先生，描寫紅烏龍風味特色「紅色茶湯鮮果香，甘醇回味撲鼻樑，一心二葉手工採，冷泡滋味透心涼」最爲傳神。

與傳統烏龍茶類製法最大的不同點是在茶菁原料不受季節限制（夏秋季製作更好）、採摘方式（不分機採和手採），不限品種，保留了傳統烏龍茶特有的花果香味與甘醇口感，加上著重在烘焙使其更具韻味。自民國 97 年（2008）於臺東縣鹿野鄉推出後，逐漸受到消費者的注目與喜愛，成功的打開「紅烏龍」的國內外市場，可望成爲臺灣新興的特色茶類。比較特別的是紅烏龍因屬發酵程度重的茶類，在優良茶評鑑時是以 3 公克茶樣沖泡 4 分鐘爲標準，與傳統的烏龍茶類沖泡 5 ～ 6 分鐘有些不同。

(3) 適製品種：以小葉種爲限。

8. 臺灣紅茶（圖 6-15～圖 6-20）

(1) 茶類由來

1910 年日本臺灣茶株式會社成立，以製造小葉種紅茶爲主。民國 14 年（1925）三井物產株式會社自印度引進紅茶 Jaipuri、Manipuri、Kyang 三個品種組合的大葉種之種子繁殖。民國 23 年（1934）臺灣紅茶輸出劇增達 329 萬餘公斤，與烏龍茶、包種茶三足鼎立，此後輸出量便超越烏龍茶、包種茶。民國 26 年（1937）時輸出紅茶 580 萬公斤，占該年茶總輸出量的 52 %，爲日治時代的最高紀錄。經營紅茶的出口商以「東邦紅茶」最著名。

臺灣大葉種紅茶曾以南投縣魚池埔里茶區、花蓮縣舞鶴與瑞穗茶區及臺東縣鹿野茶區栽培最多。臺茶 18 號俗稱紅玉，於民國 88 年（1999）通過命名，其具有特殊臺灣山茶的薄荷香與肉桂味，命名之初，並未引起茶農與消費者的注意，茶改場中部分場遂研發將其由一般碎形紅茶改製成條形紅茶，充分發揮品種的獨特風味，尤其在世界紅茶市場一遍低迷的情形，逆勢操作成功，也成功打響高價紅茶在臺灣的消費熱潮。

揉捻是紅茶的重要製造關鍵技術，爲推動利用手工採摘一心二葉茶菁原料製造高品質紅茶，及解決農民欠缺揉捻設備問題，茶改場中部分場於民國 93 ～ 94 年（2004 ～ 2005）在財團法人中正農業科技社會公益基金會研究經費贊助下進行小型紅茶揉捻機之研發與推廣，相繼於民國 95 ～ 96 年（2006 ～ 2007）進行臺灣烏龍式特色紅茶之研製，主要是利用價格低廉的夏秋季茶菁原料，結合烏龍茶與紅茶製程，加速茶葉氧化發酵，促使各項化學成分順利轉化，使產製特色紅茶之滋味甘醇濃稠及帶有花果香，兼具烏龍茶與紅茶兩種茶類之特色。並於民國 95 年（2006）起開始至臺灣各茶區推廣利用夏秋季小葉種茶菁原料產製紅茶，有效帶動臺灣紅茶產業新動能，目前臺灣大小葉種產製之紅茶已普受消費者喜愛。

(2) 品質特性

紅茶爲全發酵茶。茶菁經長時間室內萎凋使液胞膜通透性增加，萎凋葉再經揉捻機內承受擠、壓、搓、撕、捲等機械力的作用，揉捻後促使葉肉細胞損傷，茶汁外溢，多元酚類化合物與氧化酵素進行反應，最後補足發酵，形成紅茶特有的色、香、味。優質紅茶成茶之外觀色澤宜烏黑油潤泛紫光，條形紅茶應條索緊結勻齊，碎形紅茶應顆粒重實勻稱，具金黃白毫者爲佳；水色豔紅、澄清明亮泛油光；不同類型紅茶香氣各具特色，但皆以清純濃郁爲佳；滋味濃強鮮爽、醇和回甘；葉底肥軟鮮活、紅勻明亮。主要由大葉種品種所製成的紅茶，如臺茶 8 、18 、21 號，及小葉種臺茶 23 號等品種之茶葉均具特殊香味，品質佳。例如臺茶 18 號（紅玉）具有淡淡的肉桂味與薄荷香，滋味甘濃甜爽；臺茶 21 號（紅韻）則具芸香科花香，兩者共同譜出臺灣高香紅茶新形象；近年來茶改場中部分場相繼推出高香型小葉種新品種臺茶 23 號（祁韻）及紫芽新品種臺茶 25 號（紫韻）各具特色。

(3) 適製品種：大葉種品種如臺茶 7、8、18（紅玉）、21（紅韻）、25 號及小葉種品種如臺茶 23 號（祁韻）或夏秋季小葉種茶菁原料等。

圖 6-15 臺灣紅茶（大葉種）外觀

圖 6-16 臺灣紅茶（大葉種）茶湯水色

圖 6-17 臺灣紅茶（小葉種）外觀

圖 6-18 臺灣紅茶（小葉種）茶湯水色

圖 6-19 臺灣紅茶（瑞穗蜜香紅茶）外觀

圖 6-20 臺灣紅茶（瑞穗蜜香紅茶）茶湯水色

參考文獻

1. 王小寧。2010。2008 國際名茶評比年鑑。世界茶聯合會。
2. 吳振鐸、葉速卿、鄭觀星。1975。不同製茶種類對兒茶素（catechins）含量之影響。中國農業化學會誌。
3. 阮逸明。2002。茶葉品質鑑定。茶業技術推廣手冊－製茶技術。行政院農業委員會茶業改良場編印。
4. 林木連。2008。臺灣茶特展展示內容及規劃委託研究報告。國立科學工藝博物館。
5. 林金池、邱垂豐、黃正宗。2006。紅茶小型揉捻機之研發與改良。財團法人中正農業科技社會公益基金會編印。
6. 林金池、黃正宗、邱垂豐、林儒宏、簡靖華。2008。臺灣烏龍式特色紅茶之研製。財團法人中正農業科技社會公益基金會編印。
7. 邱如平。2020。凍頂烏龍茶文化歷史志。鹿谷鄉公所編印。

07

茶葉感官品評分級實務操作流程

文、圖／郭婷玫、林金池

（一）茶葉品評分級實務操作流程

臺灣特色茶評審可針對茶葉外觀、茶湯水色、香氣、滋味及葉底等進行評分，而不同茶類其評分標準亦有所不同（表 5-1），並可依據其品質優劣進行分級，以下介紹茶葉感官品評分級實務流程方式之一，以供作參考：

1. 若依據品質優劣分爲 A、B、C、D、E 五級，而需品評分級之茶樣數量眾多時，則可於茶葉品評第一階段將茶樣分爲 C 級以上、D 級及 E 級共三個分群，並先確認 E 級等級。
2. 時間允許時，可針對 D 級再次品評，確認該等級內茶樣是否需調整升至 C 級或調降至 E 級。
3. 進行 C 以上等級茶樣之品評，此時同樣將茶樣分爲 A、B、C 三級，且建議由 C 級→B 級→A 級依序再次品評確認，例如針對 C 級再次品評確認，確認該等級內茶樣是否需調整至 B 或 D 級。
4. 針對B級再次品評，確認該等級內茶樣是否需調整升至A級或調降至C級。
5. 最後則是針對 A 級再次品評，此方式需要較多的品評次數及時間，但對於品評分級之結果更爲嚴謹。
6. 此外辦理品評分級之單位，尚須視實際情況進行籌備會議、活動辦法公告、繳茶、品評作業、公布成績、分級包裝、茶樣取回、頒獎、展售會及檢討會等行政流程，相關行政作業流程及分級流程可參考圖 7-1。

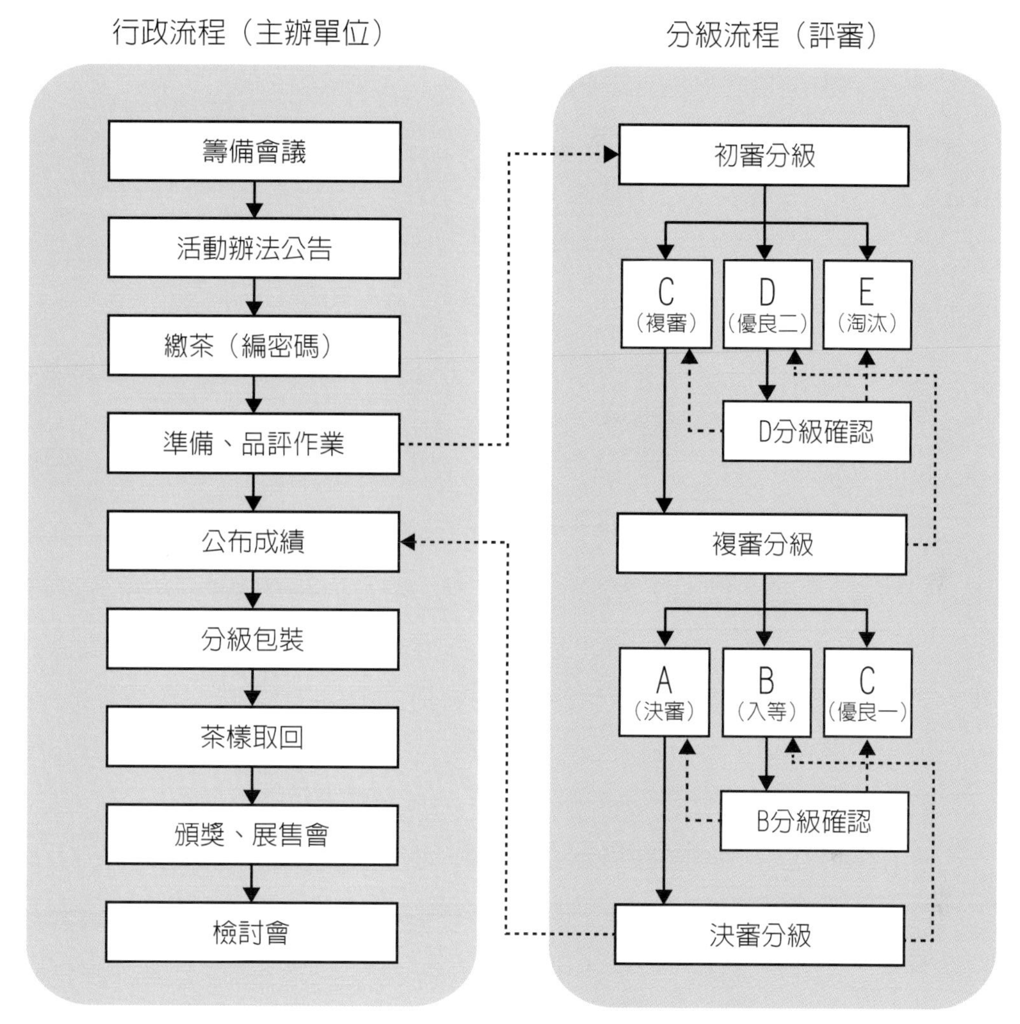

圖 7-1 茶葉品評分級流程

（二）茶葉品評分級所需人力、時間及器具評估

茶葉品評分級所需人力，依據分級點數多寡及規模略有不同，評審約 1 ～ 3 人，爲具公平性，評審最好爲 3 人，可依品質優劣討論，採多數決；此外尚需記錄人員 1 人、準備作業（取樣秤茶、沖泡等）人員至少 2 人及其餘行政作業（環境整理、審茶杯組清洗及收樣等）人員至少 2 人。

另考量品評速度，每趟所品評的數量以 30 杯左右爲宜，單趟所需的品評時間約 30 分鐘至 1 小時。依據品評的速度略有不同，一天（ 8 小時）大約可品評 8 ～ 16 趟（ 30 杯／趟）。此外點數規模愈大，一般所需要重複確認等級之品評趟數也愈多。

範例一：規模約 200 點之分級數量，若其中各等級預期比例為入等（A 及 B 級）約 20 %、優良（C 及 D 級）約 50 %、淘汰（E 級）約 30 %，則所需品評趟數估算如下：

圖 7-2　沖泡兩重複且其中一杯沖泡二次，簡稱兩杯三碗

1. 一開始初審 200 點茶樣全數品評一次約需 7 趟（200 點除以 30 杯等於 6.6 趟）。茶葉品質分為三級，第一、二趟時評審間需建立等級共識，品評速度不宜太快。
2. 其中 D 級若占 30 %，則需要再品評 2 趟（200 點乘以 30 %等於 60 點，60 點除以 30 杯等於 2 趟）。須注意等級內品質一致性，因品質差異不大，品評速度較快。
3. 其中複審 C 級以上若占 40 %，則需要再品評 3 趟（200 點乘以 40 %等於 80 點，80 點除以 30 杯等於 2.6 趟）。進入複審分為三級，須仔細評定等級差異。
4. 其中 B 級若占 15 %，則需要再品評 1 趟（200 點乘以 15 %等於 30 點，30 點除以 30 杯等於 1 趟）。須注意品質及等級一致性，擇優汰劣。
5. 最後決審 A 級若占 5 %，則需要再品評 1 趟（200 點乘以 5 %等於 10 點，仍需再品評 1 趟）。
6. 整體趟數為 7 + 2 + 3 + 1 + 1 = 14 趟，其中 D 級為等級再確認，品評所需時間通常較短，而 B 級及最後決審 A 級雖點數較少，但可能會採取沖泡兩重複或另有一杯沖泡二次之方式進行品評確認（圖 7-2）。因此，所需時間可能會稍微延長，但 200 點左右之分級規模，應可在一天內品評完成。
7. 各階段品評分級結果之點數計算細節如下：

(1) 本範例分級比例及預估點數約為 A 級 5 %（10 點）、B 級 15 %（30 點）、C 級 20 %（40 點）、D 級 30 %（60 點）及 E 級 30 %（60 點）（表 7-1）。

▼ 表 7-1　200 點之分級比例及預估點數（範例）

分級	A	B	C	D	E
各分級比例	5%	15%	20%	30%	30%
預估點數	10	30	40	60	60

(2) 第一階段 200 點之初審分級結果為 C 級以上 86 點、D 級 59 點及 E 級 55 點（表 7-2）。

▼ 表 7-2　200 點之初審分級結果（範例）

品評趟次	分級數量					
	A	B	C	D	E	合計
一	–	–	12	7	11	30
二	–	–	10	11	9	30
三	–	–	13	10	7	30
四	–	–	13	8	9	30
五	–	–	15	10	5	30
六	–	–	14	8	8	30
七	–	–	9	5	6	20
合計	0	0	86	59	55	200

(3) 其中 D 分級計 59 點再次進行品評分級結果確認後，其中 2 點調升為 C 級以上（合計 88 點）、52 點維持 D 級及 5 點調降為 E 級（ 55 點 + 5 點，合計 60 點）（表 7-3）。

▼ 表 7-3　59 點之 D 分級確認結果（範例）

品評趟次	分級數量					
	A	B	C	D	E	合計
（已確認）	–	–	86	–	55	141
一	–	–	1	27	2	30
二	–	–	1	25	3	29
合計	0	0	88	52	60	200

(4) 接著再進行 88 點 C 級以上之複審品評分級，其中 8 點調降為 D 級（52 點 + 8 點，合計 60 點）、37 點維持 C 級、29 點為 B 級及 14 點為 A 級（表 7-4）。

▼ 表 7-4　88 點之複審分級（C 級以上）結果（範例）

品評趟次	分級數量					
	A	B	C	D	E	合計
（已確認）	－	－	－	52	60	112
一	5	9	12	4	－	30
二	6	7	14	3	－	30
三	3	13	11	1	－	28
合計	14	29	37	60	60	200

(5) 其中 B 分級計 29 點再次進行品評分級結果確認後，其中 3 點調降為 C 級（37 點 + 3 點，合計 40 點）、25 點維持 B 級及 1 點調升為 A 級（14 點 + 1 點，合計 15 點）（表 7-5）。

▼ 表 7-5　29 點之 B 分級確認結果（範例）

品評趟次	分級數量					
	A	B	C	D	E	合計
（已確認）	14	－	37	60	60	171
一	1	25	3	－	－	29
合計	15	25	40	60	60	200

(6) 最後再進行 15 點 A 級之決審品評分級，其中 5 點調降為 B 級（合計 30 點）、10 點維持 A 級，並完成本次品評分級（表 7-6）。

▼ 表 7-6　15 點之決審分級（A 級）結果（範例）

品評趟次	分級數量					
	A	B	C	D	E	合計
（已確認）	－	25	40	60	60	185
一	10	5	－	－	－	15
合計	10	30	40	60	60	200

範例二：規模約 1,000 點之分級數量，若其中各等級預期比例為入等（A 及 B 級）約 15 %、優良（C 及 D 級）約 45 %、淘汰（E 級）約 40 %，則所需品評趟數估算如下：

1. 一開始初審 1,000 點茶樣全數品評一次約需 34 趟（ 1,000 點除以 30 杯等於 33.3 趟）。
2. 其中 D 級若占 25 %，則需要再品評 9 趟（ 1,000 點乘以 25 %等於 250 點，250 點除以 30 杯等於 8.3 趟）。
3. 其中複審 C 級以上若占 35 %，則需要再品評 12 趟（ 1,000 點乘以 35 %等於 350 點，350 點除以 30 杯等於 11.6 趟）。
4. 其中 B 級若占 10 %，則需要再品評 4 趟（ 1,000 點乘以 10 %等於 100 點，100 點除以 30 杯等於 3.3 趟）。
5. 最後決審 A 級若占 5 %，則需要再品評 2 趟（ 1,000 點乘以 5 %等於 50 點，50 點除以 30 杯等於 1.6 趟）。
6. 整體趟數為 34 + 9 + 12 + 4 + 2 ＝ 61 趟，其中若最後一趟杯數較少時，可能會將剩餘數量平攤至各趟次，以縮減品評所需時間，例如一開始若調整為每趟 31 杯，則 1,000 點所需品評趟數可縮減為 33 趟，甚至可再縮減為 32 趟（即 31 ～ 32 杯／趟），以因應整體品評時間之調整，此外連續多天之品評亦容易造成疲勞累積，因此，一般而言 1,000 點左右之分級規模，大約需 5 天左右方可品評完成。
7. 最後針對點數規模較大之品評分級，需注意各階段分級之數量累計，例如本範例分級比例約為 A 級 5 %、B 級 10 %、C 級 20 %、D 級 25 %及 E 級 40 %。因此，在第一階段 1,000 點全數分 33 趟品評時，每趟各等級數量約為 C 級以上 9 ～ 11 杯、D 級 6 ～ 8 杯及 E 級 11 ～ 13 杯，實際數量則以各趟次茶葉品質為準，第一階段品評完成時 C 級以上數量需高於 350 點（35 %），因後續品評分級 C 級以上可能會有部分會再降為 D 級，而 D 級則有可能會再降為 E 級，因此 D 級可略低於 250 點（ 25 %）、E 級則可略低於 400 點（ 40 %），以為後續等級調整預留數量空間。

至於品評所需用具，除需準備第五章所提到之相關器具以外，其中審茶盤及審茶杯組建議需準備 4 趟次（即 120 組）以上之數量為佳，以作為輪替之用，其中 30 組為品評中使用、30 組為秤茶取樣等準備作業中使用、最後 60 組為清洗擦拭等清潔作業中，以避免影響到品評分級所需時間。

茶葉品評分級紀錄表、茶葉品評等級統計表及茶葉品評分級密碼紀錄表等格式可參考附件 7-1、附件 7-2 及附件 7-3。

參考文獻

1. 阮逸明。2002。茶葉品質鑑定。茶業技術推廣手冊－製茶技術。行政院農業委員會茶業改良場編印。
2. 林金池。2010。臺灣茶葉品質鑑定制度－茶葉品質鑑定及檢驗的重要性。第八屆國際名茶評比專刊。

▼ 附件 7-1　茶葉品評分級紀錄表

□初審 ______ □複審 ______ □決審 ______　品評日期：______ 年 ______ 月 ______ 日　品評人員：____________ 組別：____________

密碼	成績					評語	密碼	成績					評語
	A	B	C	D	E			A	B	C	D	E	

本頁等級統計　A(　)：________ B(　)：________ C(　)：________ D(　)：________ E(　)：________

▼ 附件 7-2　茶葉品評等級統計表

趟次	密碼（例：1~30）	數量					小計	備註
		A	B	C	D	E		

▼ 附件 7-3　茶葉品評分級密碼紀錄表

等級	密碼										
	明碼或評語										
	密碼										
	明碼或評語										
	密碼										
	明碼或評語										
	密碼										
	明碼或評語										
	密碼										
	明碼或評語										

臺灣特色茶風味輪

文、圖／黃宣翰、楊美珠、蘇宗振

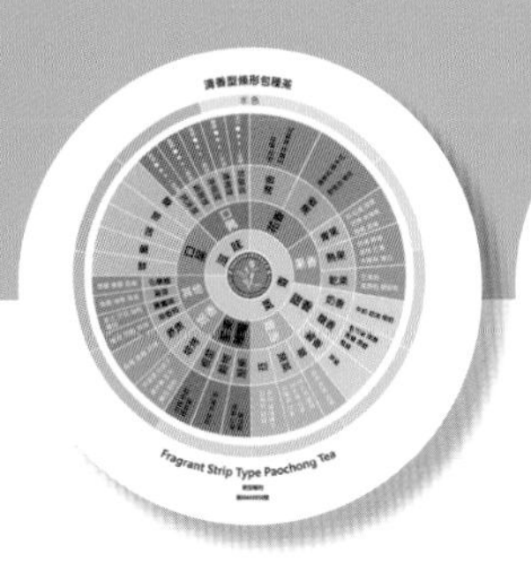

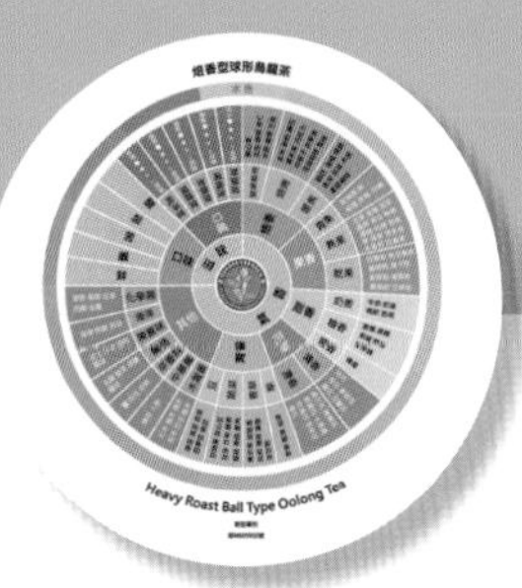

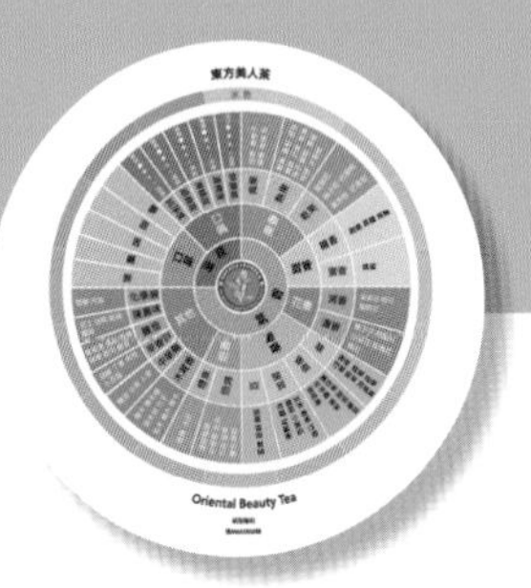

（一）緣起

臺灣地處亞熱帶，四面環海，屬海洋型氣候，四季分明，相對溼度介於 60 ～ 80 %，土壤屬第三、四紀洪積層，山坡地土壤 pH 值介於 4.0 ～ 5.5 之間，屬微酸性土壤。由於土層深厚，質地疏鬆，且富含有機質，非常適合栽培茶樹（邱等，2012），因此臺灣到處都有以茶知名的地方。由於氣候環境、品種及製法不同，茶的種類多達數十種（陳，2003），從不發酵的綠茶、部分發酵的包種茶、烏龍茶，到全發酵的紅茶都有。不像世界著名的茶產區以生產一種茶為主，所以其茶葉特色容易識別，如日本以綠茶聞名，印度及斯里蘭卡以紅茶聞名。臺灣因為茶種類繁多，一般人對臺灣茶的特色為何，很難說個明白。為此，茶改場依照茶葉形狀、製造方式之不同，將臺灣茶分為六大類（圖 8-1），包括 : 臺灣綠茶、清香型條形包種茶、清香型球形烏龍茶、焙香型球形烏龍茶、東方美人茶及臺灣紅茶（Su et al., 2021）。第七章所介紹之文山包種茶屬於清香型條形包種茶；清香烏龍茶歸類於清香型球形烏龍茶；凍頂烏龍茶、鐵觀音茶及紅烏龍茶均歸類於焙香型球形烏龍茶。

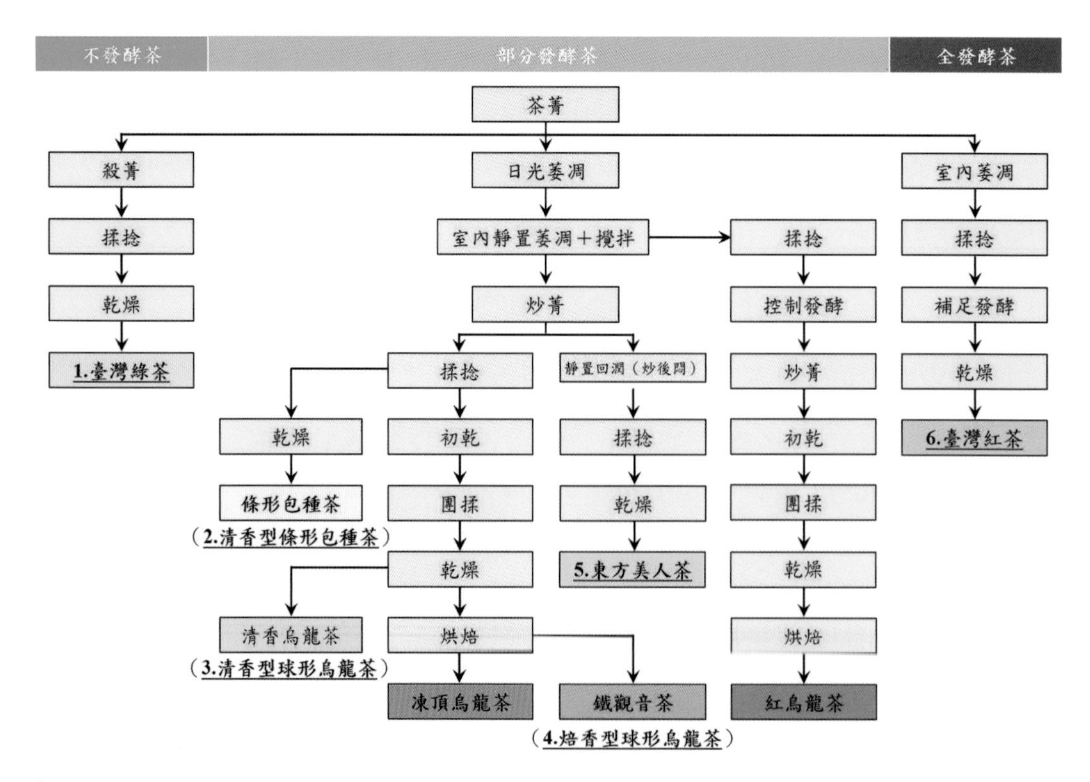

圖 8-1　臺灣特色茶分類圖

由於推廣茶葉時，只介紹茶葉來源與加工方式是不夠的，消費者最在意的是茶葉的風味與品質爲何？爲此，茶改場中部分場與魚池鄉公所於民國 107 年（2018）合作製作日月潭紅茶風味輪，引起了廣大迴響。爲加深消費者對所有臺灣茶的印象，自民國 108 年（2019）開始，茶改場再進一步針對六種臺灣特色茶類製作風味輪（Sensory Flavor Wheels），並於民國 109 年（2020）發表第一版風味輪，以加強臺灣特色茶的識別度與推廣力道。爲使風味輪更易於使用，茶改場於 112 年（2023）12 月推出 2.0 版風味輪，將六個茶葉風味輪融合爲一。

（二）臺灣特色茶風味輪產生方法

臺灣特色茶風味輪之形式，茶改場已於民國 110 年（2021）1 月 1 日取得中華民國新型專利，證號爲第 M605950 號（蘇等，2021）。其開發過程是由 25 位茶改場從事製茶與茶葉感官品評專業研究人員組成風味輪工作小組（表 8-1）。從全臺各地優良茶競賽中，挑選具有代表性的茶樣，目前已蒐集品評 600 個以上樣品，研究方法採用描述性分析。

風味輪的最外圈爲該特色茶常見的茶湯水色，係依據各特色茶沖泡標準（詳見第五章）進行茶葉沖泡，於開湯後，以 PANTONE 色卡比對茶湯顏色記錄其編號，再依顏色深淺排列於風味輪最外圈。

風味包括香氣與滋味。茶葉沖泡後，由工作小組成員針對茶葉與茶湯進行感官品評，並分別紀錄每個茶樣之香氣與滋味。風味描述詞彙經彙整與統計後，篩選出現頻率較高的詞彙，再經小組會議討論達成共識後，最後將選用的詞彙繪製成風味輪。因爲茶改場的評審專家，原本對於茶葉即有較敏銳的辨識能力，因此 1.0 版的風味輪，可以說是評審專家版的風味輪，所涵蓋的詞彙也較豐富。

臺灣特色茶風味輪 1.0 版完成後，茶改場不斷進行滾動式修正，例如隨著時空背景不同茶葉加工製程也可能調整，進而改變茶葉特色風味輪，因此需持續收集茶樣增加樣本廣度。此外，茶改場也建置專屬網站（https://www.tbrs.gov.tw/ws.php?id=3727），以及透過不同的活動或研習，除進行風味輪教育推廣外，也同時蒐集不同族群使用風味輪後之修正意見，經過 3 年使用與調查後，篩選出臺灣特色茶常用之 69 種風味，製作出 2.0 版風味輪，並針對臺灣特色茶 54 種主要香氣製作茶葉聞香套組，可以讓品評者透過嗅覺訓練及體驗，提升對臺灣茶香的記憶點。

▼ 表 8-1　風味輪工作小組成員名單

序號	姓名	單位（109 年時任單位）	職稱
1	蘇宗振	總場場長室	場長
2	邱垂豐	總場副場長室	副場長
3	吳聲舜	總場場長室	秘書
4	林金池	總場產業服務課	研究員兼課長
5	楊美珠	總場製茶技術課	副研究員兼課長
6	蘇彥碩	文山分場	副研究員兼分場長
7	黃正宗	魚池分場	研究員兼分場長
8	蕭建興	臺東分場	副研究員兼分場長
9	林儒宏	凍頂工作站	副研究員兼站長
10	郭婷玫	總場產業服務課	助理研究員
11	林義豪	總場產業服務課	助理研究員
12	陳俊良	總場產業服務課	副研究員
13	溫晏良	總場產業服務課	約僱技術員
14	張如華	總場製茶技術課	副研究員
15	黃宣翰	總場製茶技術課	助理研究員
16	郭芷君	總場製茶技術課	助理研究員
17	邱喬嵩	總場製茶技術課	助理研究員
18	潘韋成	文山分場	副研究員兼股長
19	張正桓	文山分場	助理研究員
20	簡靖華	魚池分場	助理研究員
21	羅士凱	臺東分場	副研究員兼股長
22	黃校翊	臺東分場	助理研究員
23	蕭孟衿	臺東分場	助理研究員
24	楊小瑩	凍頂工作站	助理研究員
25	許淳淇	凍頂工作站	助理研究員

（三）臺灣特色茶風味輪使用方式

臺灣特色茶風味輪可以說是臺灣特色茶風味的詞庫，組成包括最外圈的水色及內圈的香氣與滋味。

1. 水色

風味輪的最外圈爲該特色茶類之茶湯水色，將目前已蒐集到的茶樣水色，自 12 點鐘方向順時針由淺至深排列。水色深淺與茶葉品質無絕對相關，僅爲該特色茶類可能出現的水色區間。

2. 香氣

香氣詞彙主要分布在風味輪右半部，愈接近一點鐘方向爲該特色茶之主要香氣。香氣共分爲 3 個層次，最內圈爲基礎香氣，包括有青香、甜香、花香、果香、堅果雜糧、焙香及其他等類型，每一香型以一種顏色區隔。即便不同茶類，顏色相同表示爲同一種香型。愈往外則爲更細緻的香氣詞彙，最外面通常爲具體的食物或物品。因此當使用風味輪比對香氣時，建議由中心開始向外發展，基礎的香氣集中在內圈，再向外圈延伸更細緻的香氣描述。如品茗時可先停於一個位置再慢慢向外延伸，可得到更精準、更具體的描述。例如：喝清香型條形包種茶時有感受到花香，可由花香區塊向外延伸，找出更多描述的方向，譬如是桂花香或是梔子花香。而同一杯茶樣可能存在多樣風味，可多次重複步驟測試，確認能完整說明形容茶葉風味，便可掌握茶葉風味輪的使用方式。

3. 滋味

滋味分爲「口味」（basic taste）與「口感」（mouthfeel）。「口味」包含酸、甜、苦、鹹、鮮等 5 種舌頭可辨別的基本味覺感受。「口感」雖然並非基本味覺，但對茶湯來說，是描述茶湯滋味的重點，因此茶湯滋味評語大部分是口感的描述詞彙（詳見第六章表 6-9）。於風味輪口感分爲餘韻感、濃稠度、滑順度、細緻度及純淨度等 5 種感覺。「餘韻感」之程度可由短暫至持久，臺灣茶重視的回甘韻味，即是餘韻感的表現。「濃稠度」指的是茶湯入口後的濃度感受，其程度可由淡薄至濃稠。「滑順度」之程度可由粗澀到滑順，茶湯常形容的澀感，便是包含在此項目內。「細緻度」係指茶湯分子的大小，大的分子讓人感受較粗糙，愈小的分子感覺較細膩。而「純淨度」指的是乾淨清爽或悶雜的感受。藉由不同的口味及口感類別，讓使用者可循著風味輪來敘述一杯茶的滋味。

（四）臺灣特色茶風味輪簡介

六種風味輪因滋味部分所使用詞彙一致，因此，以下將就香氣的部分進行說明。

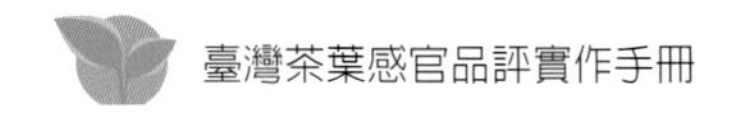

1. 臺灣綠茶風味輪（圖 8-2）

臺灣綠茶係蒐集臺灣目前生產的主要綠茶種類，即三峽碧螺春綠茶爲主，共計收集 40 個茶樣，其中香氣以青香爲主體，像是玉米筍般的蔬菜香氣或是綠豆般的豆香皆是臺灣綠茶常見的香氣類型。而爲將各種詞彙分門別類，於青香、甜香、花香、果香、堅果雜糧、焙香及其他類別項下再細分：

(1) 青香分爲草、蔬菜及豆等 3 種項次，共計有 13 個風味詞彙。

(2) 甜香分爲糖香與蜜香等 2 種項次，共計有 3 個風味詞彙。

(3) 花香共計有 3 個風味詞彙。

(4) 果香共計有 4 個風味詞彙。

(5) 堅果雜糧分爲堅果及根莖等 2 種項次，共計有 6 個風味詞彙。

(6) 焙香分爲焙烤與煙焦等 2 種項次，共計有 3 個風味詞彙。

(7) 其他分爲木質香、辛香料、陳舊味、海洋及化學類等 5 種項次，共計有 16 個風味詞彙。

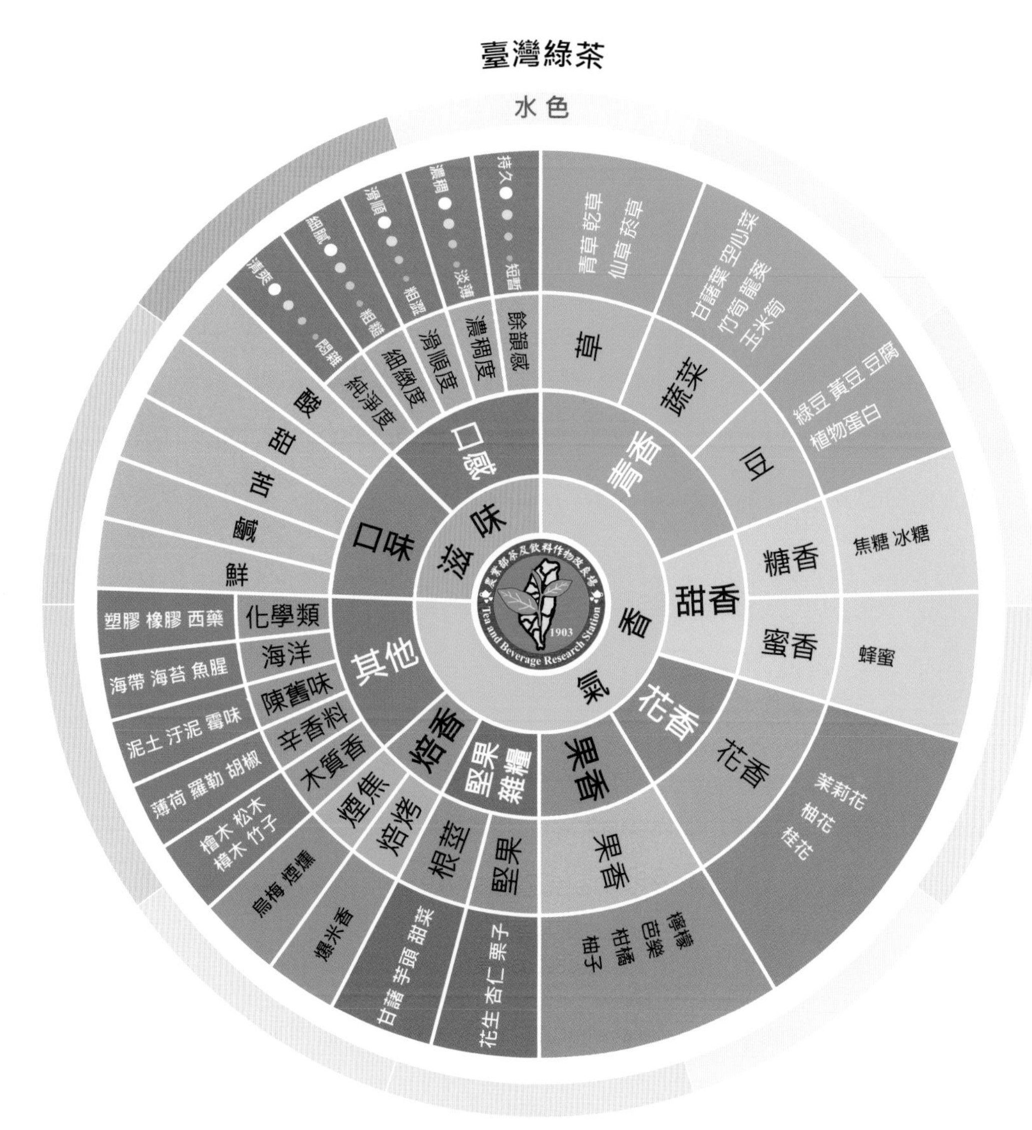

圖 8-2 臺灣綠茶風味輪（1.0 版）

2. 清香型條形包種茶風味輪（圖 8-3）

清香型條形包種茶以文山包種茶為代表，共計收集 50 個茶樣，香氣以花香為主體，其中茉莉花、蘭花或梔子花等花香皆是常見的花香類型。而為將各種詞彙分門別類，於花香、果香、甜香、青香、堅果雜糧、焙香及其他類別項下再細分：

⑴ 花香分為清香及濃香 2 種項次，共計有 8 個風味詞彙。

⑵ 果香分為青果、熟果與乾果等 3 種項次，共計有 16 個風味詞彙。

⑶ 甜香分為奶香、糖香與蜜香等 3 種項次，共計有 9 個風味詞彙。

⑷ 青香分為草、蔬菜及豆等 3 種項次，共計有 13 個風味詞彙。

⑸ 堅果雜糧分為堅果、穀物及根莖等 3 種項次，共計有 9 個風味詞彙。

⑹ 焙香分為焙烤與煙焦等 2 種項次，共計有 9 個風味詞。

⑺ 其他分為辛香料、陳舊味、海洋及化學類等 4 種項次，共計有 13 個風味詞彙。

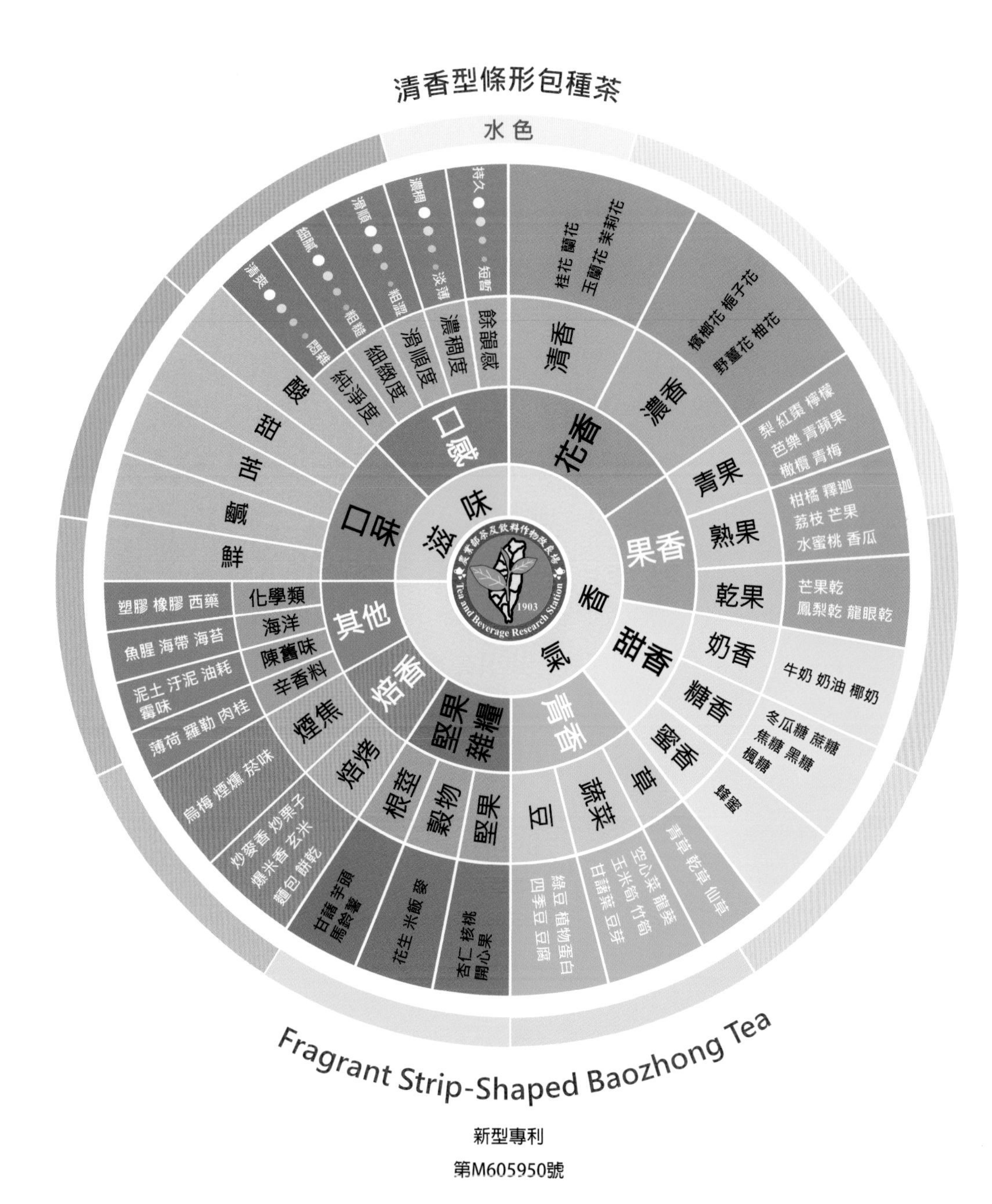

圖 8-3　清香型條形包種茶風味輪（1.0 版）

3. 清香型球形烏龍茶風味輪（圖 8-4）

清香型球形烏龍茶以高山烏龍茶爲代表（海拔 1,000 公尺以上茶園所產製的清香烏龍茶稱爲高山烏龍茶，如阿里山、梨山、拉拉山等茶區），係收集臺中、南投及嘉義等地共計 73 個不同級別之高山茶茶樣進行品評，然而不同級別的茶樣所呈現的風味會有不同。主要爲茶樹品種、製作過程及烘焙時間與環境等不同，皆是影響風味的原因。級別愈高等之茶樣呈現的特殊風味將會更加清楚明顯，猶如臺茶 12 號（金萱）獨特的品種香氣或花果香、水蜜桃香等，青心烏龍則會呈現茉莉花、蘭花或梔子花等花香，故在編製清香型球形烏龍茶的風味輪，花香及甜香爲首要著重之香氣分類，次之依序爲果香、青香、堅果雜糧、焙香及其他等分類。

依據目前所收集的茶樣將各種詞彙分門別類，於花香、甜香、果香、青香、堅果雜糧、焙香及其他類別細分爲以下細項：

(1) 花香分爲清香與濃香 2 種項次，共計有 11 個風味詞彙。
(2) 甜香分爲奶香、糖香與蜜香等 3 種項次，共計有 8 個風味詞彙。
(3) 果香分爲青果、熟果與乾果等 3 種項次，共計有 18 個風味詞彙。
(4) 青香分爲草、香草、蔬菜及豆等 4 種項次，共計有 15 個風味詞彙。
(5) 堅果雜糧分爲堅果、穀物及根莖等 3 種項次，共計有 10 個風味詞彙。
(6) 焙香分爲焙烤與煙焦等 2 種項次，共計有 7 個風味詞。
(7) 其他分爲木質香、辛香料、釀造、陳舊味、海洋及化學類等 6 種項次，共計有 20 個風味詞彙。

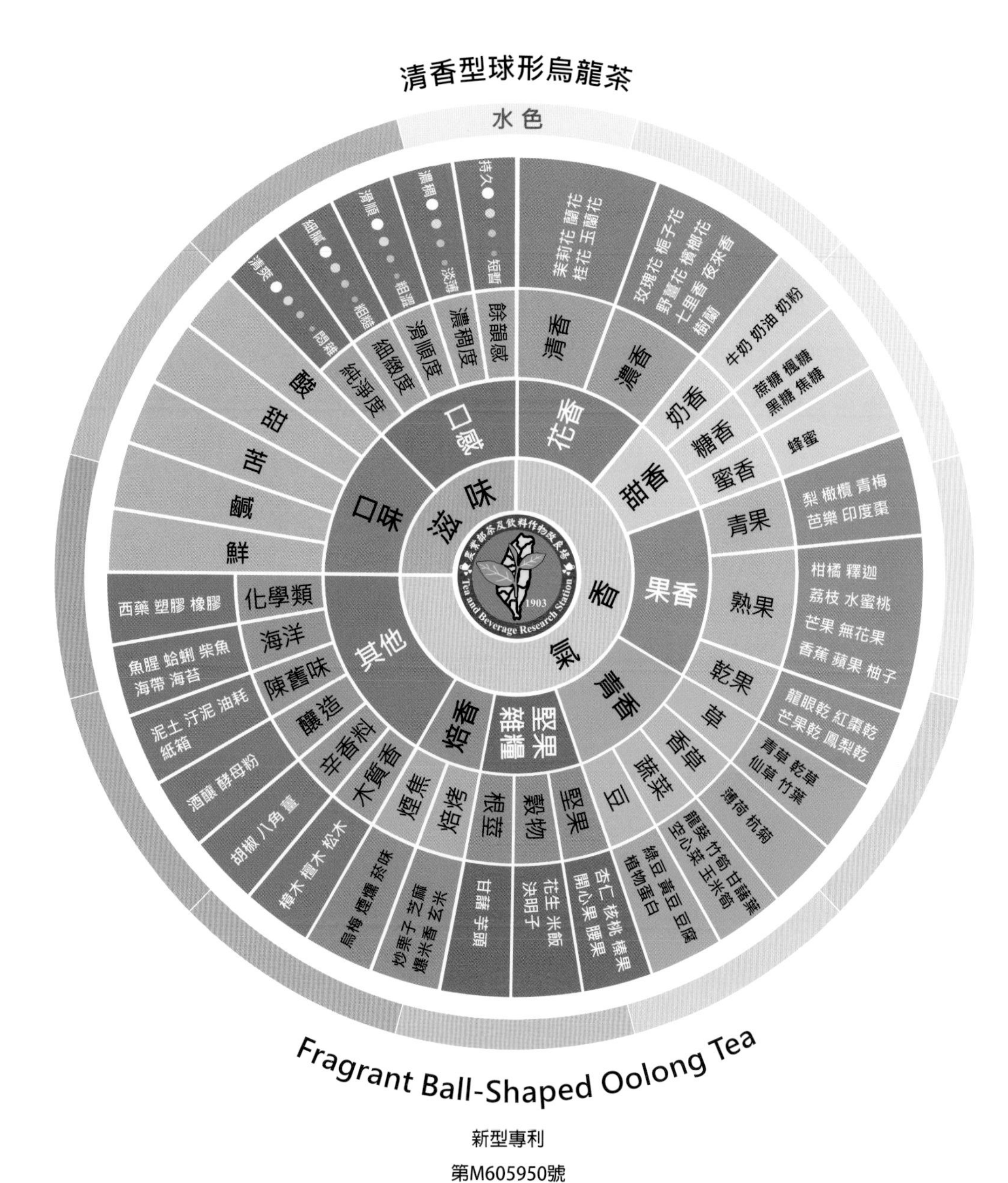

圖 8-4 清香型球形烏龍茶風味輪（1.0 版）

4. 焙香型球形烏龍茶風味輪（圖 8-5）

焙香型球形烏龍茶代表茶類爲凍頂烏龍茶、鐵觀音茶及紅烏龍茶。

凍頂烏龍茶係收集 169 個不同級別之南投縣鹿谷鄉及竹山鎭等地之優良茶評鑑茶樣進行品評，因製程的影響，凍頂烏龍茶除了常見的烤麵包、炒麥香、鳳梨、芒果及水蜜桃等果香或焙香之香氣外，甜香也是常見的香氣表現。

鐵觀音茶係收集 58 個不同級別之臺北市木柵優良茶評鑑之茶樣進行品評，因鐵觀音茶風味主要爲製程及焙火相互作用，茶葉經過反覆的烘焙，且焙火溫度逐漸調高之情勢下，使茶葉產生梅納反應，讓鐵觀音茶除了常見的烏梅、炒麥香、鳳梨及水蜜桃等似果酸或烘焙之香氣外，也具奶油或蜜餞等香氣。目前除了以正欉鐵觀音製作會產生濃郁的品種香，有如鐵鏽味之外，也會選用臺茶 12 號（金萱）品種製成鐵觀音茶，使其具獨特的品種香。

紅烏龍茶係收集 22 個不同級別之花東地區優良茶評鑑茶樣進行品評，因製程的影響，紅烏龍茶除了烘焙香之外，乾果類的香氣也是其一大特色。

焙香型球形烏龍茶風味輪，焙香及果香爲主要風味，其次爲甜香、花香、青香及其他等分類，而爲將各種詞彙分門別類，於焙香、果香、甜香、花香、青香及其他類別項下再細分：

⑴ 焙香分爲堅果穀物、焙烤及與煙焦等 3 種項次，共計有 23 個風味詞彙。

⑵ 果香分爲青果、熟果與乾果等 3 種項次，共計有 27 個風味詞彙。

⑶ 甜香分爲奶香、糖香與蜜香等 3 種項次，共計有 10 個風味詞彙。

⑷ 花香分爲清香與濃香等 2 種項次，共計有 12 個風味詞彙。

⑸ 青香分爲草、香草、蔬菜及豆等 4 種項次，共計有 22 個風味詞彙。

⑹ 其他分爲木質香、中草藥、辛香料、釀造、陳舊味、海洋及化學類等 7 種項次，共計有 27 個風味詞彙

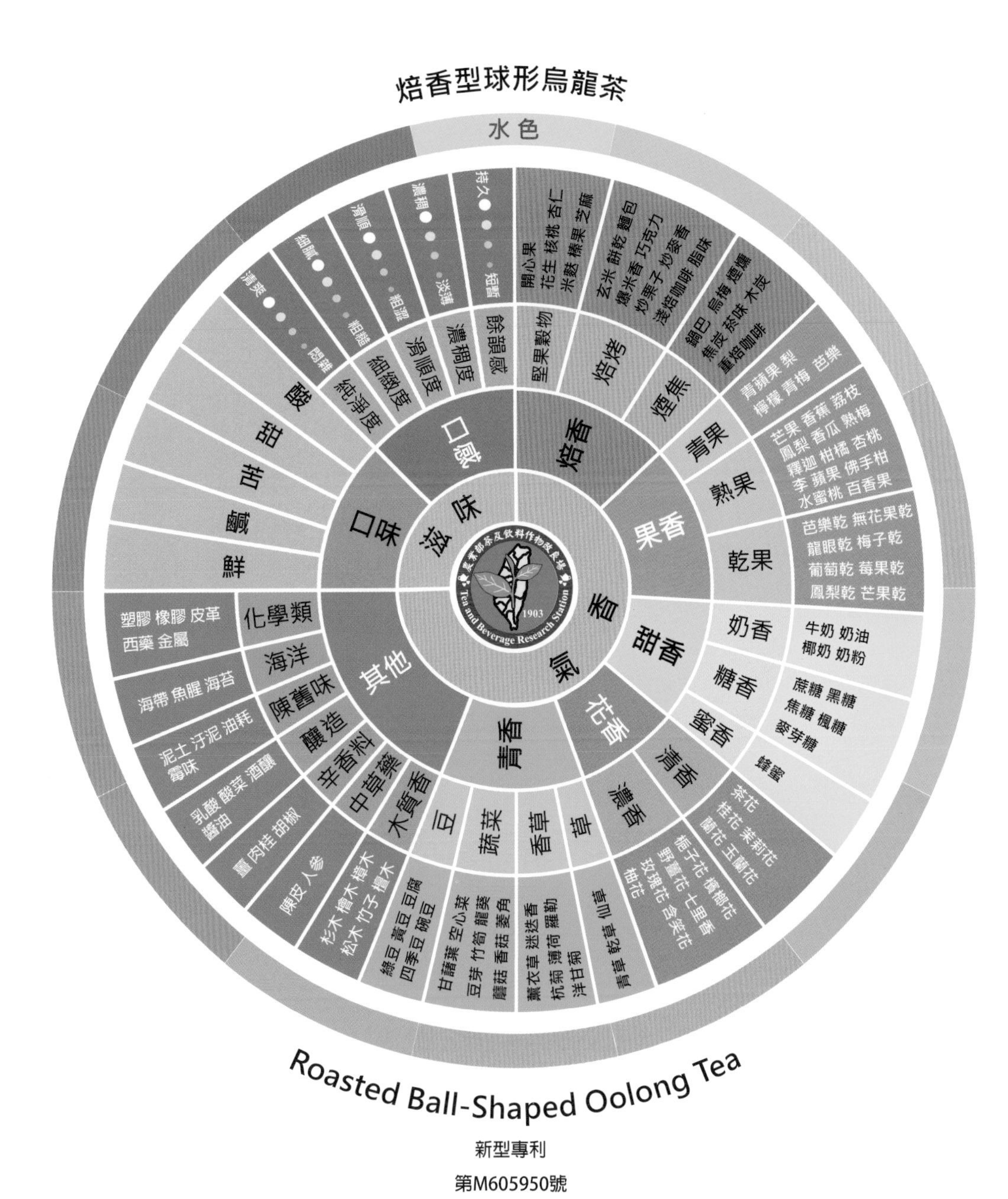

圖 8-5　焙香型球形烏龍茶風味輪（1.0 版）

5. **東方美人茶風味輪（圖 8-6）**

東方美人茶係收集 62 個不同級別之桃園市、新竹縣、苗栗縣等地之優良茶評鑑茶樣進行品評，因受重萎凋重攪拌之製程及茶菁原料之影響，東方美人茶的熟果香是主要的風味，常見有水蜜桃、柑橘、鳳梨、芒果及荔枝等香氣，此外，受小綠葉蟬刺吸產生的蜂蜜香也是十分重要的香氣表現。

東方美人茶風味輪，果香爲主要風味，其次爲甜香、花香、青香、焙香及其他等分類，而爲將各種詞彙分門別類，於焙香、果香、甜香、花香、青香及其他類別項下再細分：

(1) 果香分爲青果、熟果與乾果等 3 種項次，共計有 21 個風味詞彙。
(2) 甜香分爲糖香與蜜香等 2 種項次，共計有 4 個風味詞彙。
(3) 花香分爲清香與濃香等 2 種項次，共計有 8 個風味詞彙。
(4) 青香分爲草、香草、蔬菜及豆等 4 種項次，共計有 22 個風味詞彙。
(5) 焙香分爲焙烤及與煙焦等 2 種項次，共計有 9 個風味詞彙。
(6) 其他分爲木質香、中草藥、辛香料、釀造、陳舊味及化學類等 6 個分類，共計有 26 個風味詞彙。

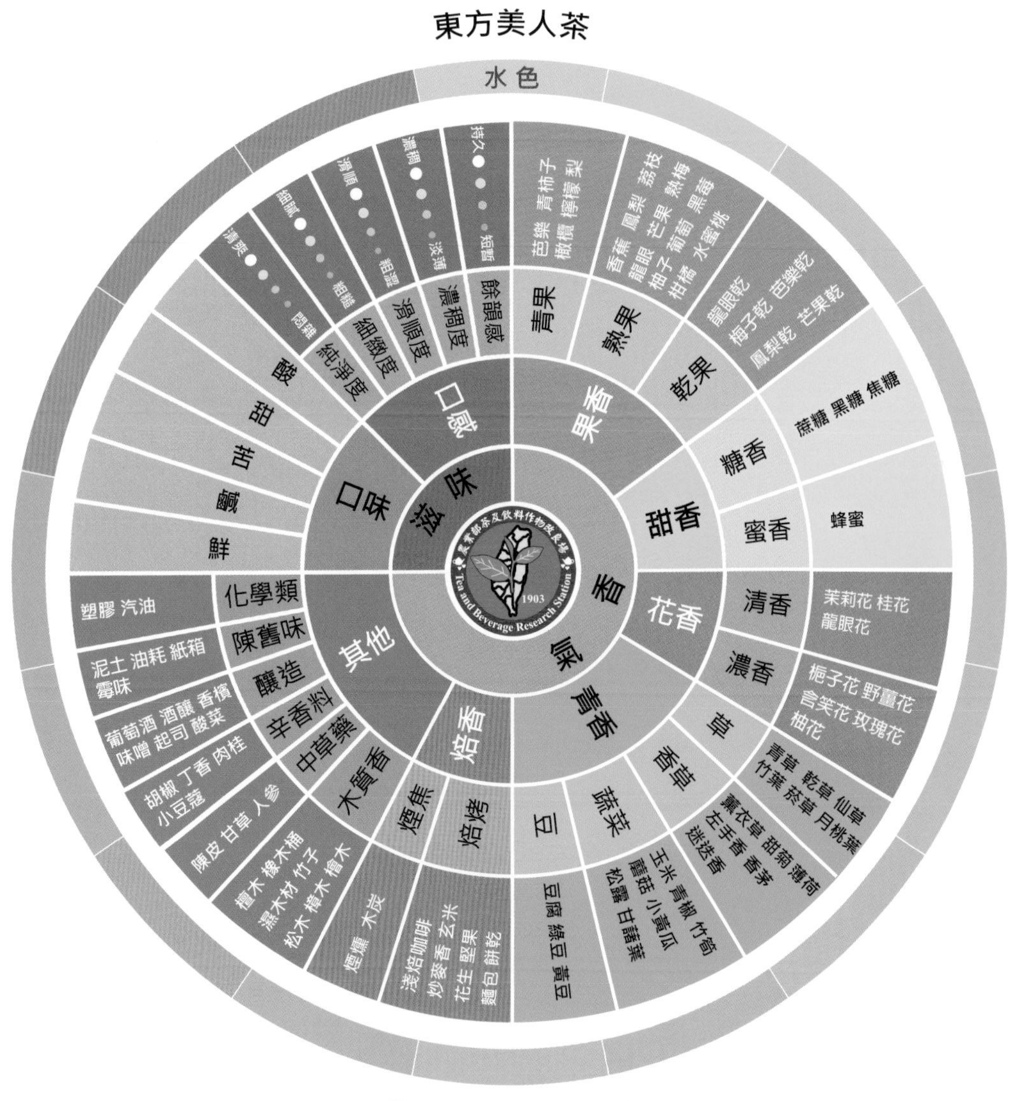

圖 8-6 東方美人茶風味輪（1.0 版）

6. 臺灣紅茶風味輪（圖 8-7）

代表茶類爲大葉種紅茶、小葉種紅茶及蜜香紅茶。依據目前所收集的 60 個大小葉種及蜜香紅茶茶樣皆具有各自的特色，果香爲不同類別紅茶的共通香氣特性。像是柑橘、鳳梨、水蜜桃、百香果、龍眼乾，皆是常見的香氣類型，其中若是大葉種臺茶 18 號則具有明顯的薄荷與肉桂之特殊品種香氣。而爲將各種詞彙分門別類，於甜香、花香、青香、焙烤、及其他類別項下再細分：

(1) 果香分爲青果、熟果與乾果等 3 種項次，共計有 21 個風味詞彙。
(2) 甜香分爲奶香、糖香與蜜香等 3 種項次，共計有 8 個風味詞彙。
(3) 花香共計有 5 個風味詞彙。
(4) 青香分爲草、香草、蔬菜等 3 種項次，共計有 12 個風味詞彙。
(5) 焙香分爲焙烤及與煙焦等 2 種項次，共計有 8 個風味詞彙。
(6) 其他分爲木質香、中草藥、辛香料、釀造、陳舊味及化學類等 6 個分類，共計有 28 個風味詞彙。

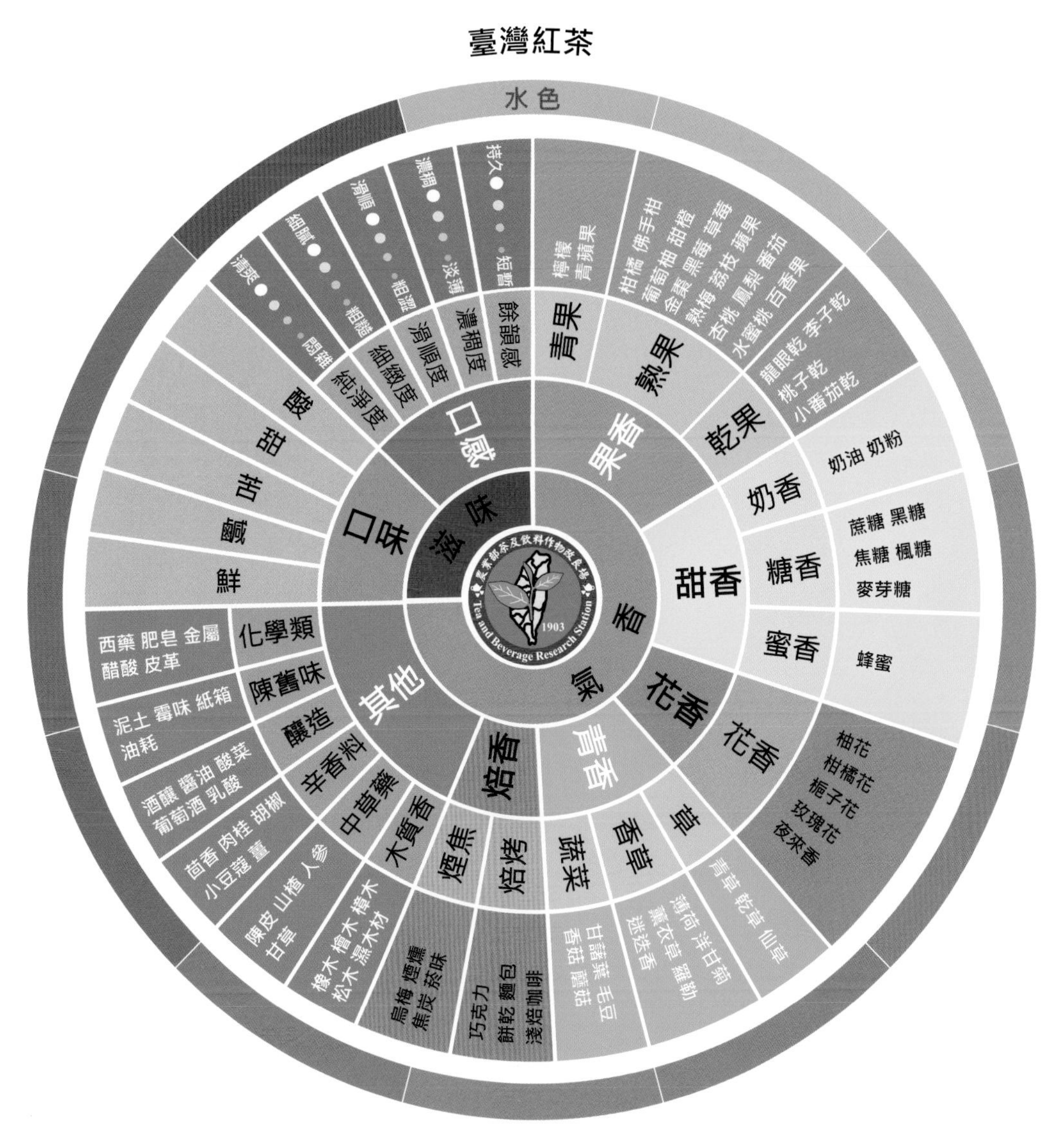

圖 8-7　臺灣紅茶風味輪（1.0 版）

7. 臺灣特色茶風味輪 2.0 介紹（圖 8-8、8-9）

六大風味輪共有 203 個描述詞彙（香氣 188 個、滋味 15 個），可以說是集臺灣特色茶風味之大成，定義了臺灣特色茶中存在的各種風味，常見與不常見之詞彙均含括其中，因此有些風味一般消費者較不容易體會。爲此，茶改場特別將各茶類中常見且共通的69個語彙（香氣54個、滋味15個）萃取出來，製作2.0版風味輪，使風味描述更接近消費者使用習慣，讓臺灣特色茶風味更亦讓消費者理解。

2.0 版風味輪香氣分類依茶葉發酵與加工順序依序爲：青香、花香、果香、甜香、焙香。各香氣分類之香型，再依順時針方向分別排列如下：

(1) 青香之香型之詞彙排列順序，係依據百分比統計結果，青香排列順序依序爲：草香、豆香、蔬菜香、香草。

(2) 花香依發酵程度依序爲：清香、濃香。

(3) 果香依發酵程度依序爲：青果、熟果、果乾。

(4) 甜香係依據百分比統計結果，排列順序依序爲：糖香、蜜香、奶香，但考量蜜香爲東方美人之主要香型，故調整蜜香位置與東方美人茶對應。

(5) 焙香則依烘焙程度依序爲：堅果雜糧、焙烤、煙焦。

(6) 各香氣詞彙（香氣最外圈）排列順序：依據經常出現百分比排序，如百分比相同，則輔以偶爾出現百分比排序。

(7) 爲強化六種茶類對應之主要風味，外圈增加茶類名稱，並搭配各特色茶常見之水色作爲底色，使用時只要依順時針方向轉動，即可找尋到特色茶的香氣詞彙。

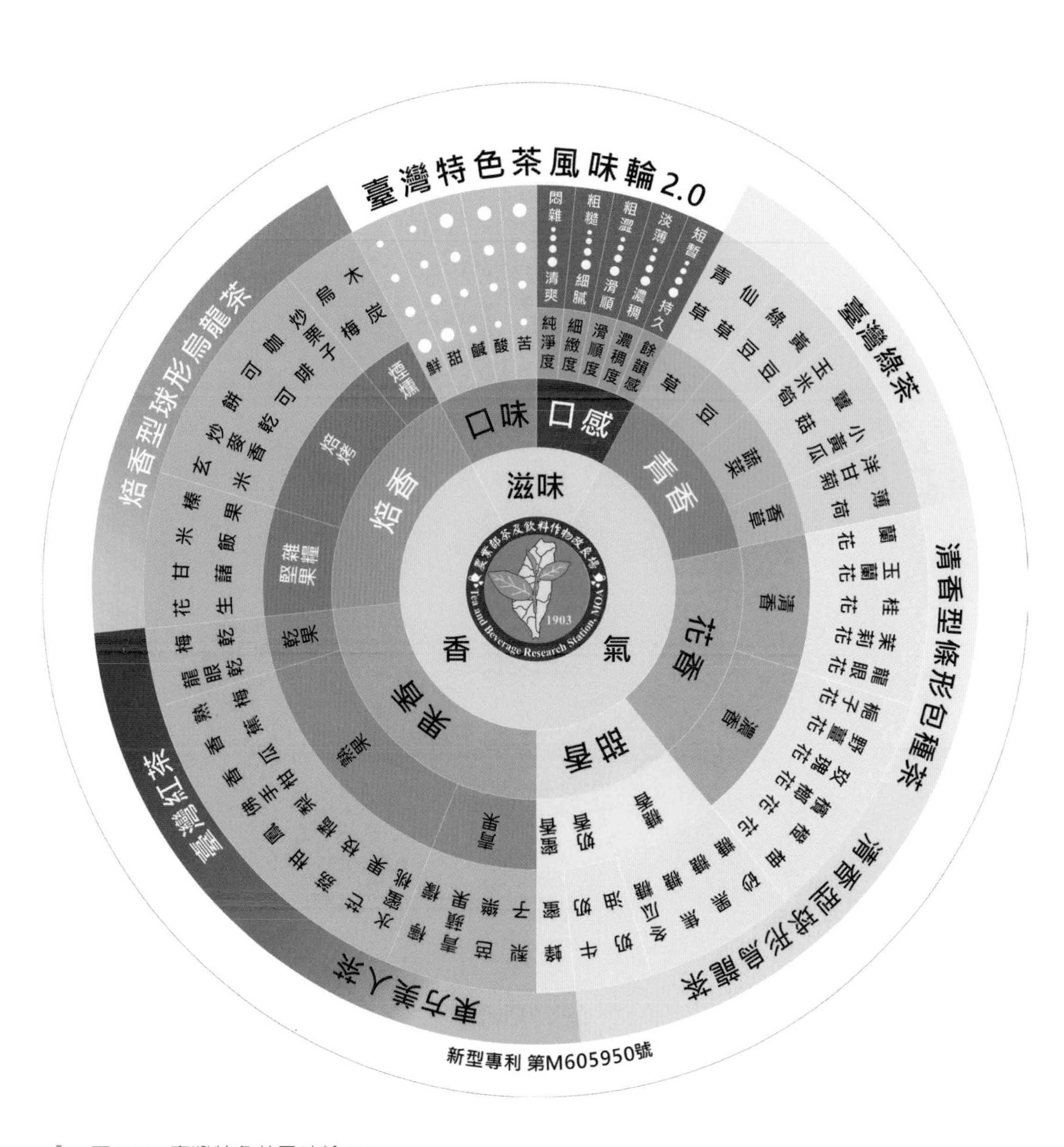

圖 8-8 臺灣特色茶風味輪 2.0

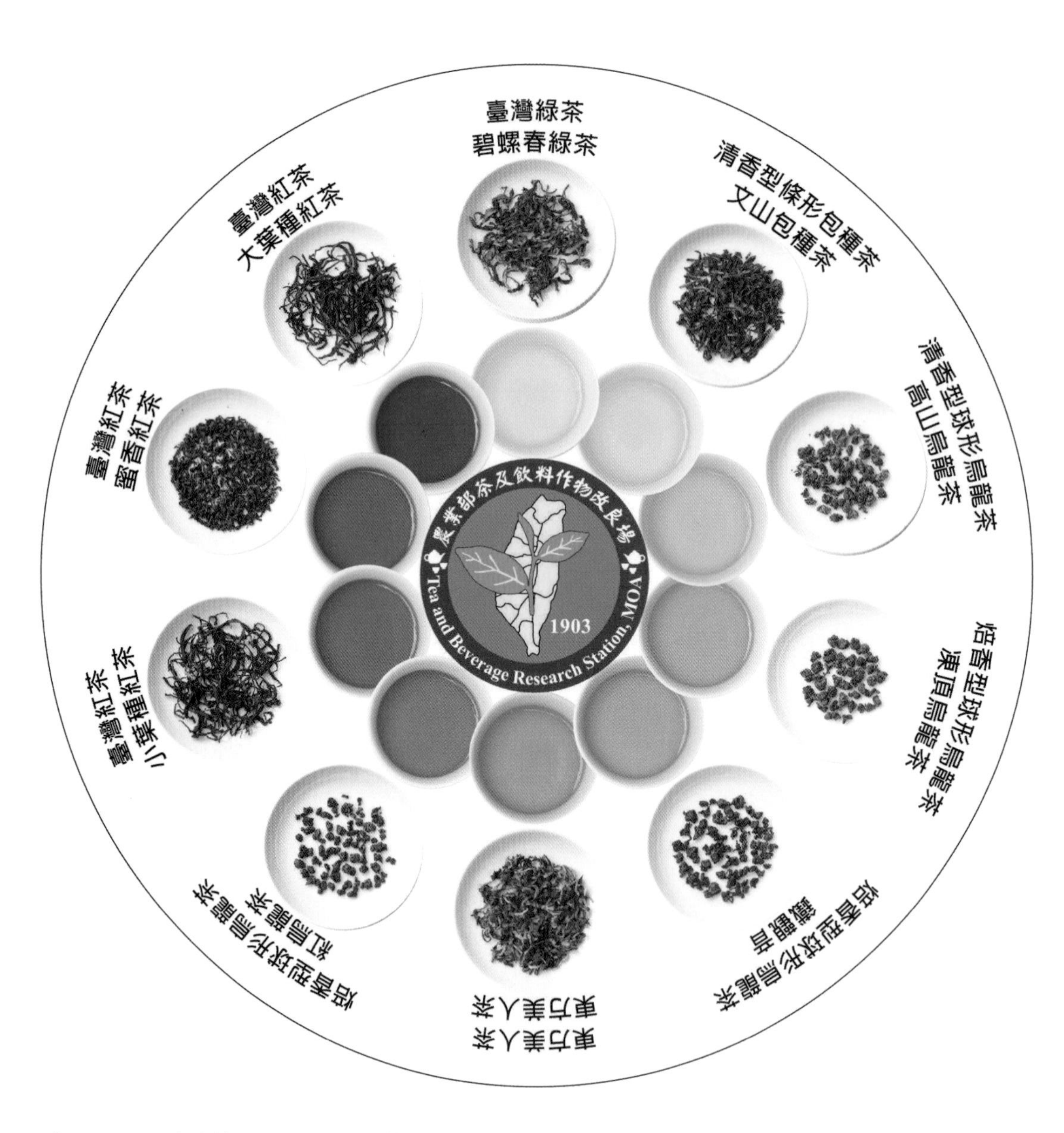

圖 8-9　臺灣特色茶風味輪十種特色茶茶乾及湯色呈現

（六）結語

一般消費者對茶葉風味特色很難說個明白，專業品評用語又生澀難懂，茶行與茶農在茶葉銷售過程中，消費者往往需要逐一試喝，耗費多時才能找出喜好的風味。因此透過臺灣特色茶風味輪的建立，盤點臺灣茶特色，並使用通俗易懂的詞彙描述，來拉進消費者與專業評鑑人員之間的訊息傳遞，讓茶葉產品特色的描繪趨向一致性，進而建立茶葉愛好者與專業評鑑人員間的共通用語。臺灣特色茶風味輪就像是一種索引工具，藉由圖形化和既定詞彙的協助，讓品飲者方便聯想，去描述品嚐到的風味，而不是憑空去想像。而透過風味輪的協助，消費者可以清楚明瞭的知道不同品種、不同產區甚至是不同等級風味的差別。如此一來減少了業者與消費者間對產品風味溝通上的落差，有助於茶葉的行銷推廣。

除了國內市場外，國際市場亦是臺灣茶推廣重點，臺灣特色茶因種類繁多、製程複雜，國際上一般消費者多半僅對「臺灣烏龍茶」有印象，爲增加國際消費者對臺灣特色茶之印象與記憶點，需善用國際消費者之生活性語言，連結國際消費者之味覺記憶與臺灣特色茶之共通性，方能突破臺灣特色茶長久以來行銷國際的困擾。因此，茶改場也製作英、日、韓、法文版臺灣特色茶風味輪，並投稿於國際期刊（Su et al., 2021）與歐洲及日本雜誌（TRES, 2021；蘇等，2021），讓臺灣特色茶走出臺灣，提升於國際市場之能見度。期待臺灣特色茶風味輪的建立，讓臺灣特色茶走入國內外消費者的日常生活，進而成爲臺灣茶的忠實消費顧客，以此逐步提升臺灣茶之國際競爭力。

參考文獻

1. 邱垂豐、林金池、蘇彥碩。2012。臺灣優良茶比賽變遷與發展。第七屆海峽兩岸茶業學術研討會論文集。
2. 陳國任、林金池。2003。優良茶比賽茶樣等級間品質與容重之探討。臺灣茶業研究彙報 22。
3. 蘇宗振、邱垂豐、吳聲舜、楊美珠、林金池、黃正宗、林儒宏、潘韋成、羅士凱、黃宣翰、張芷瑗、郭芷君、邱喬嵩。2021。臺灣特色茶風味品鑑卡。中華民國新型專利第 M605950 號。

4. 蘇宗振、楊美珠、黃宣翰、郭芷君。2021。臺湾茶フレーバーホイールでを活用して 新しい魅力を発見しましょう！ 綠茶通信 48。
5. Su, T. C., Yang, M. J., Huang, H. H., Kuo, C. C., and Chen, L. Y. 2021. Using Sensory Wheels to Characterize Consumers' Perception for Authentication of Taiwan Specialty Teas. Foods 2021, 10, 836.
6. TRES. 2021. The Pioneer Tea Flavor Wheel. Decanter 2021/02.

臺灣茶分類分級系統 TAGs

文／蘇宗振、楊美珠、黃宣翰、羅士凱

圖／黃宣翰、楊美珠、羅士凱

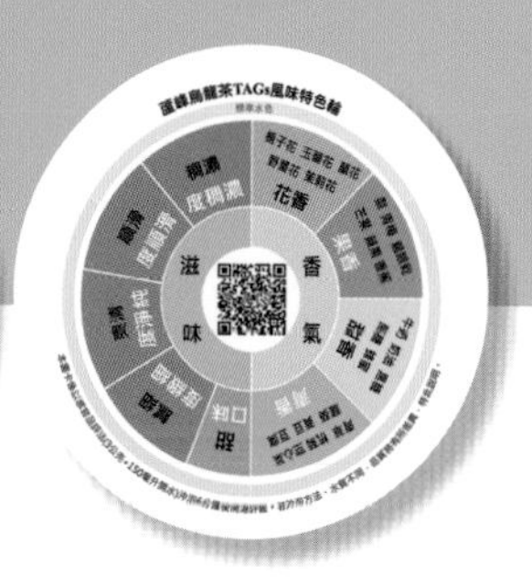

（一）制度緣起

臺灣地區優良茶評鑑競賽自民國 64 年（1975）於新店農會第一次舉辦，至今（2024）已歷經 49 年。茶葉評鑑競賽初衷是希望藉由競賽觀摩的方式，鼓勵茶農生產高級精緻茶，以提高茶葉品質，改進製茶技術，發揮茶葉的經濟價值；同時輔導改善茶葉運銷方式，建立公平交易制度，以確保產銷雙方之利益（邱等，2012）。時至今日優良茶評鑑競賽仍是國內茶產業之盛事，除比賽場次漸增之外，也具有帶動茶價的提升與茶鄉的經濟發展，並具建立各茶區的特色及消費族群等優點。但是近年來部分參賽者爲追求短期名利，找尋外地茶或進口廉價茶參賽，除造成參賽茶產地之疑惑，亦造成主辦單位及評審人員極大的困擾（楊，2008）。

臺灣地區舉辦之優良茶比賽，因地點、季節及品種不同，參加比賽之茶樣件數，少者數十件，多者達五、六千件以上。因此，在茶葉品質感官評鑑過程中，必須在有限的時間及空間條件下，快速而準確進行評鑑。目前優良茶比賽大多採行初審、複審及決審三個階段之評審制度，依品質之優劣選出得獎茶樣（陳和林，2003）。一般除淘汰茶樣會註記其缺點，得獎茶樣均未記錄其風味特點。

（二）創新臺茶行銷及迎接零接觸的商業行爲

隨著國民生活水準及所得提高，消費者對於食品安全意識及原產地的問題日益關注，透過產地及銷售過程的資訊透明化是一個產品品質保證的重要的方式。茶改場推動臺灣茶產業以「本土化、科學化、國際化」爲目標，替臺灣茶量身訂定出具科學性及平易親和性的客觀標準，透過生活化且有條理地描述，讓消費者理解茶的風韻與滋味，藉由臺灣茶分類分級系統（Taiwan tea Assortment and Grading system, TAGs）的建立，得以創新臺灣茶的行銷方式。臺灣茶分類分級系統（TAGs）的核心價值即可提供茶產品的品質保證及特色風味的精確描述，可用來建立品牌及產品形象，並具提高知名度與產品行銷魅力，以突顯產品的差異性，再結合產品的內外包裝與說明，必能提升產品價格及知名度，有利於產品行銷。

此外，更可結合茶農、茶商或業者來做客製化的服務，用以突顯產品與眾不同的特色，落實創新行銷；甚至串連休閒農業的旅遊或與星級製茶廠、茶莊園等做結合，鎖定客群並滿足其喜好與需求，保障消費者的飲用安全、確保購買國產農產品的安心及能放心的採購與家人好朋友分享。另在疫情期間所導致消費或採購型態的轉變，對於零接觸經濟及創新行銷部分，如網路購物無法試喝情況下，則臺灣茶分類分級系統（TAGs）可將特色茶分類分級的資訊數位化，並隨著電子商務的數位化及發展，有效幫助消費者選購喜好的茶類，更可擴大線上（電子商務）的消費需求及商機。

臺灣茶業產製結構已經轉變，茶業經營步向企業化與數位化，TAGs 除可與優良茶競賽結合，協助推展茶葉分級包裝、建立地方特色茶品牌形象外，未來也可應用於其他國產茶產品之分級與風味標示。臺灣茶只要具備溯源資格，如產銷履歷、產地標章、有機茶、GGAP 等，未來均可利用此系統，獲得產品品質風味評鑑報告書。此外，透過科學化、圖像化及親民化來描述臺灣特色茶，更藉由品牌與系統性的茶葉分級制度與英日文版臺灣茶風味特徵做結合，更可行銷海內外，讓更多消費者認識臺灣茶的色香味，進而喜愛飲用臺灣好茶。

（三）產官學評審人才庫

人類感官由於受到時間及精神上的限制，茶葉品評時易受疲勞、印象、外觀及後味影響產生誤差，有時人為的誤差比茶樣本身的差異還要大。所以，感官品評的準確性與品評人員的客觀性、反覆性、持久性及再現性有密切的關係，不但要有學術研究上的基礎，且必須要有深厚的經驗累積（陳，1997）。TAGs 產官學評審人員為臺灣頂尖的茶葉品評專家，必須經過茶葉感官品評專業訓練且從事茶產業或具有優良茶評鑑工作多年經歷，方能勝任。此外，TAGs 茶葉品評專家必須定期接受回訓及複檢其茶葉評鑑能力，通過測試者，於茶改場官網臺灣茶分類分級系統 TAGs 專屬網頁（https://www.tbrs.gov.tw/ws.php?id=3768）公布專家名單，供主辦 TAGs 評鑑單位邀請擔任評審。不同領域專家人才來源說明如下：

1. 產業界

   具有從事茶產業工作之多年經歷，並且通過茶改場茶葉感官品評專業人才中高級能力鑑定。

2. 官方

   茶改場中從事製茶及具茶葉感官品評能力之專業研究人員，具有擔任全臺各地優良茶評鑑工作多年經歷。

3. 學界

茶改場中具備茶葉評審經驗之離退人員，或具有教職員身分及相關茶葉教學經驗，並參加茶改場舉辦之學界人才庫訓練研習班且通過能力鑑定者。有關 TAGs 學界人才庫建立、回訓及複檢流程，詳附件 9-15。

（四）如何將 TAGs 導入茶葉分級評鑑

1. 基本規範

安全、國產及產品分類分級是 TAGs 核心三要素，因此優良茶競賽的每一件茶樣都必需符合安全及國產這兩個先決條件，之後再由產官學三方評審進行產品分類分級，並出具評審報告書。

2. 評審流程

(1) 建立評審標準

首先由產官學專家與主辦單位共同討論評審標準，即利用茶改場設計之「評鑑標準建立表」，藉由選取該場次優良茶評鑑之主要評審項目、標準及排序，並依討論結果建立該場次評審一致認同的「風味評分表」；後續再由評審人員依照該場次所訂之「風味評分表」進行茶葉評審。「評鑑標準建立表」係依據六種臺灣特色茶風味輪轉化而來，詳附件 9-1 至附件 9-6。茶改場也初步針對臺灣主要特色茶建立「TAGs 分級風味評分表」範例，包括：碧螺春綠茶（附件 9-7）、清香型條形包種茶（附件 9-8）、清香型球形烏龍茶（附件 9-9）、凍頂烏龍茶（附件 9-10）、鐵觀音茶（附件 9-11）、紅烏龍茶（附件 9-12）、東方美人茶（附件 9-13）、臺灣紅茶（附件 9-14）。

(2) 茶葉感官品評分級

依第五、六、七章茶葉感官品評分級方法，以外觀、水色、香氣、滋味及葉底等項目進行感官品質分析與分級。

(3) 風味描述

將各茶樣之「風味評分表」轉化為「風味特色輪」及「風味卡」或「評鑑報告書」（圖 9-1、9-2）。

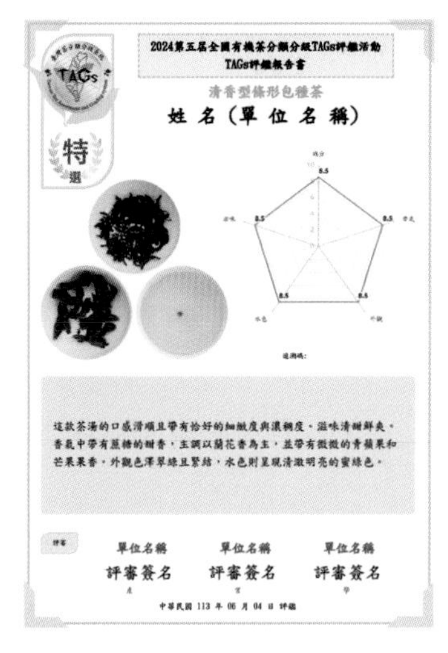

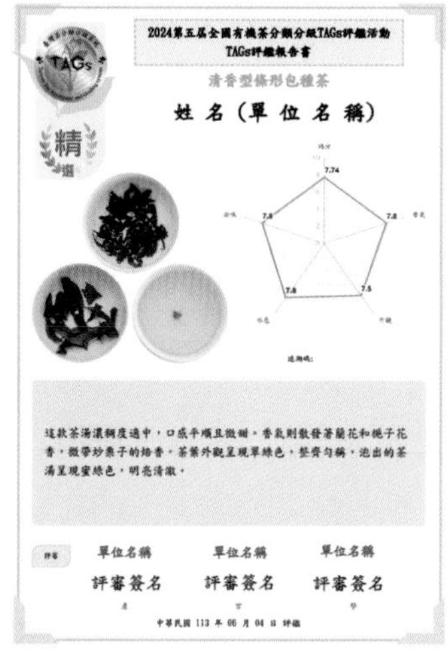

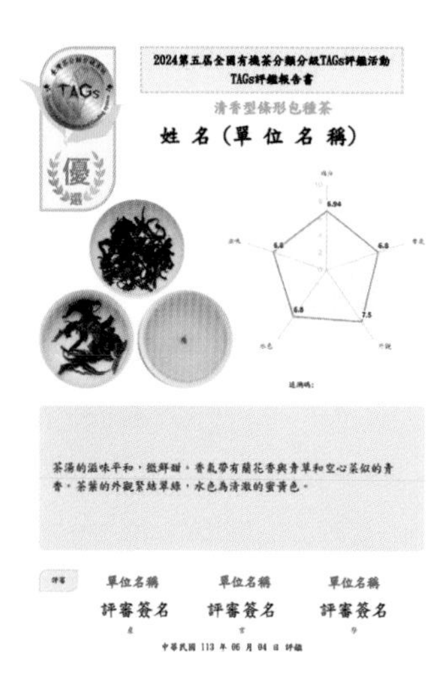

圖 9-1　評鑑報告書（中文）

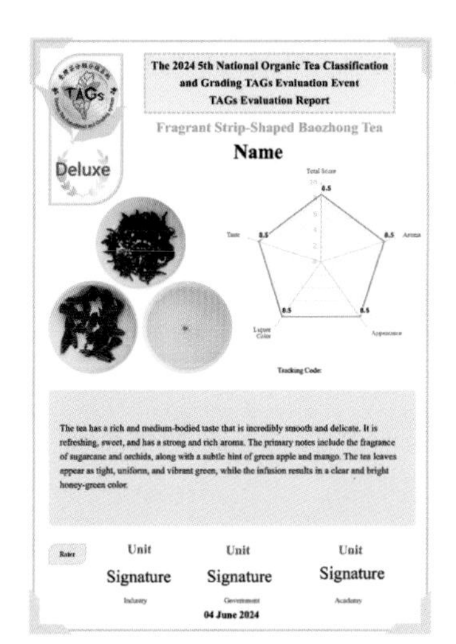

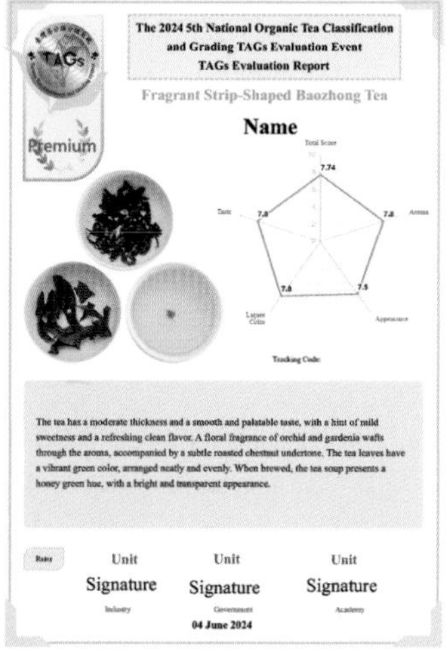

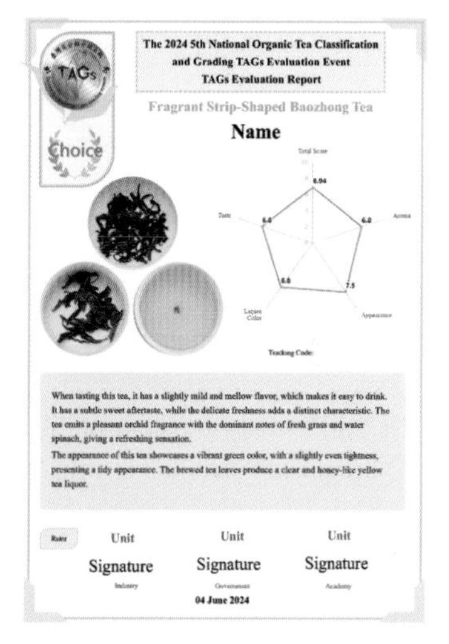

圖 9-2　評鑑報告書（英文）

自民國 108 年（2019）首度於宜蘭縣試辦「TAGs 宜蘭好茶分類分級活動」，為 TAGs 試行年，經過檢討及調整修正後，於民國 109 年（2020）正式舉辦第一屆「全國有機茶 TAGs 類分級評鑑活動」，結合慈心基金會、淨源茶廠、新本市政府共同辦理，TAGs 系統正式運作。另於民國 113 年（2024）完成建置國內首版的線上數位評鑑系統，將臺灣特色茶風味輪概念導入臺灣茶分類分級系統 TAGs 及建立線上數位化評鑑，評鑑後可立即產出風味評鑑報告書，並與 AI 整合，能即時產生完成的風味描述（圖 9-3、9-4）。提升評分報告製作的效率。TAGs 之標示系統，亦已於民國 110 年（2021）3 月 11 日取得中華民國新型專利（證號 M609001）。

圖 9-3　TAGs 評鑑數位化系統—評審進入畫面

圖 9-4　TAGs 評鑑數位化系統—評分頁面

（五）展望

為解決一般消費者對茶葉風味特色很難說個明白，專業品評用語又生澀難懂，茶行與茶農在茶葉銷售過程中，消費者往往需要逐一試喝，耗費多時才能找出喜好的風味的問題；加上國際市場亦是臺灣茶推廣重點，但因種類繁多、製程複雜，國際上一般消費者多半僅對「臺灣烏龍茶」有印象。為增加國際消費者對臺灣特色茶之印象與記憶點，須善用國際消費者易懂之生活性語言，連結國際消費者之味覺記憶與臺灣特色茶之共通性，方能突破臺灣特色茶長久以來行銷國際的困擾。

臺灣茶分類分級系統（TAGs）已是一個成熟的系統，可將臺灣各類特色茶以淺顯易懂的文字加以描述及表達，是一套可行的茶葉特色分類分級機制且能以消費者可理解的語言及方式進行風味描述，並可結合茶葉商品（精品品牌）（圖 9-5）逐年的檢討與修正，期待取得消費大眾的認同與信賴，漸次替代現行優良茶比賽，加上善用臺灣特色茶風味輪的外文版讓臺灣特色茶走向全世界，更有助提升於國際市場之能見度，讓臺灣特色茶走入國內外消費者的日常生活，進而成爲臺灣茶的忠實顧客，逐步提升臺灣茶之競爭力及爭取國際話語權。

圖 9-5　TAGs 產品

參考文獻

1. 邱垂豐、林金池、蘇彥碩。2012。臺灣優良茶比賽變遷與發展。第七屆海峽兩岸茶業學術研討會論文集。
2. 楊盛勳。2008。茶葉比賽對臺灣茶業發展的影響。第五屆海峽兩岸茶業學術研討會論文集。

▼ 附件 9-1 「臺灣綠茶」評鑑標準建立表

日期: **評審：**

一、外觀：(請勾選外觀顏色範圍及整齊度評鑑標準)

色澤：

黃綠	綠黃	青綠	綠	墨綠

形狀(可複選)：□茶末 □破碎 □黃片 □鬆散 □緊結 □勻整 □潤澤 □白毫

二、水色：(請勾選茶湯水色範圍)

淺綠	淺黃	蜜綠	蜜黃	土黃

明亮度(可複選)：□混濁 □暗淡 □清澈 □明亮(請勾選水色範圍及明亮度評鑑標準)

三、香氣：(請在左邊欄位內填入數字 1, 2, 3…代表該香型為主要特色，如為不需考慮之香氣，則不排序)

請依重要性排序		請勾選可能會有的香氣
	青香	□青草 □乾草 □仙草 □菸草 □甘藷葉 □空心菜 □竹筍 □龍葵 □玉米筍 □綠豆 □黃豆 □豆腐 □植物蛋白
	甜香	□焦糖 □冰糖 □蜂蜜
	花香	□茉莉花 □柚花 □桂花
	果香	□檸檬 □芭樂 □柑橘 □柚子
	堅果雜糧	□花生 □杏仁 □栗子 □甘藷 □芋頭 □甜菜
	焙香	□爆米香 □烏梅 □煙燻
	其他	□檜木 □松木 □樟木 □竹子 □薄荷 □羅勒 □胡椒 □泥土 □汙泥 □霉味 □海帶 □海苔 □魚腥 □塑膠 □橡膠 □西藥

四、滋味：

口味：□酸 □甜 □苦 □鹹 □鮮

(請在□內填入數字 1, 2, 3…代表該口味為主要特色，如為不需考慮之口味，則不排序)

口感：(請在左邊欄位內填入數字 1, 2, 3…代表該口感為主要特色，如為不需考慮之口感，則不排序)

請依重要性排序		0-10 分
	濃稠度	□淡薄 --------------------------□濃稠
	滑順度	□粗澀 --------------------------□滑順
	細緻度	□粗糙 --------------------------□細膩
	純淨度	□悶雜 --------------------------□清爽
	餘韻感	□短暫-------------------------- □持久

五、其他說明：

▼ 附件 9-2 「清香型條形包種茶」評鑑標準建立表

日期:　　　　　　評審：

一、外觀：(請勾選外觀顏色範圍及整齊度評鑑標準)

色澤：

黃綠	綠黃	青綠	綠	墨綠

形狀(可複選)：□茶末 □破碎 □黃片 □鬆散 □緊結 □勻整

二、水色：(請勾選茶湯水色範圍)

淺綠	蜜綠	蜜黃	金黃	土黃

明亮度(可複選)：□混濁 □暗淡 □清澈 □明亮 (請勾選水色範圍及明亮度評鑑標準)

三、香氣：(請在左邊欄位內填入數字 1, 2, 3…代表該香型為主要特色，如為不需考慮之香氣，則不排序)

請依重要性排序		請勾選可能會有的香氣
	花香	□桂花 □蘭花 □玉蘭花 □茉莉花 □檳榔花 □梔子花 □野薑花 □柚花
	果香	□梨 □紅棗 □檸檬 □芭樂 □青蘋果 □橄欖 □青梅 □柑橘 □釋迦 □荔枝 □芒果 □水蜜桃 □香瓜 □芒果乾 □鳳梨乾 □龍眼乾
	甜香	□牛奶 □奶油 □椰奶 □冬瓜糖 □蔗糖 □焦糖 □黑糖 □楓糖 □蜂蜜
	青香	□青草 □乾草 □仙草 □空心菜 □玉米筍 □竹筍 □甘藷葉 □豆芽 □龍葵 □綠豆 □植物蛋白 □四季豆 □豆腐
	堅果雜糧	□核桃 □杏仁 □開心果 □花生 □米飯 □麥 □甘藷 □芋頭 □馬鈴薯
	焙香	□炒麥香 □炒栗子 □爆米香 □玄米 □麵包 □餅乾 □烏梅 □煙燻 □菸味
	其他	□薄荷 □羅勒 □肉桂 □泥土 □汙泥 □油耗 □霉味 □魚腥 □海帶 □海苔 □塑膠 □橡膠 □西藥

四、滋味：

口味：□酸 □甜 □苦 □鹹 □鮮
(請在□內填入數字 1, 2, 3…代表該口味為主要特色，如為不需考慮之口味，則不排序)

口感：(請在左邊欄位內填入數字 1, 2, 3…代表該口感為主要特色，如為不需考慮之口感，則不排序)

請依重要性排序		0-10 分
	濃稠度	□淡薄 --------------------------□濃稠
	滑順度	□粗澀 --------------------------□滑順
	細緻度	□粗糙 --------------------------□細膩
	純淨度	□悶雜 --------------------------□清爽
	餘韻感	□短暫-------------------------- □持久

五、其他說明：

▼ 附件 9-3 「清香型球形烏龍茶」評鑑標準建立表

日期: 評審：

一、外觀：(請勾選外觀顏色範圍及整齊度評鑑標準)

色澤：

淺綠	青綠	翠綠	草綠	墨綠

形狀(可複選)：□黃片 □鬆散 □緊結 □勻整 □圓緊

二、水色：(請勾選茶湯水色範圍)

蜜綠	蜜黃	金黃	麥黃	黃褐

明亮度(可複選)：□混濁 □暗淡 □清澈 □明亮 (請勾選水色範圍及明亮度評鑑標準)

三、香氣：(請在左邊欄位內填入數字 1, 2, 3…代表該香型為主要特色，如為不需考慮之香氣，則不排序)

請依重要性排序		請勾選可能會有的香氣
	花香	□桂花 □蘭花 □玉蘭花 □茉莉花 □玫瑰花 □梔子花 □野薑花 □七里香 □檳榔花 □夜來香 □樹蘭
	甜香	□牛奶 □奶油 □奶粉 □蔗糖 □焦糖 □黑糖 □楓糖 □蜂蜜
	果香	□梨 □印度棗 □青梅 □芭樂 □橄欖 □柑橘 □釋迦 □荔枝 □芒果 □水蜜桃 □無花果 □香蕉 □蘋果 □柚子 □芒果乾 □鳳梨乾 □龍眼乾 □紅棗乾
	青香	□青草 □乾草 □仙草 □竹葉 □薄荷 □杭菊 □空心菜 □玉米筍 □竹筍 □甘藷葉 □龍葵 □黃豆 □綠豆 □植物蛋白 □豆腐
	堅果雜糧	□核桃 □杏仁 □開心果 □榛果 □腰果 □花生 □米飯 □決明子 □甘藷 □芋頭
	焙香	□爆米香 □炒栗子 □芝麻 □玄米 □烏梅 □煙燻 □菸味
	其他	□樟木 □檀木 □松木 □胡椒 □八角 □薑 □酒釀 □酵母粉 □泥土 □汙泥 □油耗 □紙箱 □魚腥 □蛤蜊 □柴魚 □海帶 □海苔 □西藥 □塑膠 □橡膠

四、滋味：

口味：□酸 □甜 □苦 □鹹 □鮮

(請在□內填入數字 1, 2, 3…代表該口味為主要特色，如為不需考慮之口味，則不排序)

口感：(請在左邊欄位內填入數字 1, 2, 3…代表該口感為主要特色，如為不需考慮之口感，則不排序)

請依重要性排序		0-10 分
	濃稠度	□淡薄 --------------------------□濃稠
	滑順度	□粗澀 --------------------------□滑順
	細緻度	□粗糙 --------------------------□細膩
	純淨度	□悶雜 --------------------------□清爽
	餘韻感	□短暫-------------------------- □持久

五、其他說明：

附件 9-4　「焙香型球形烏龍茶」評鑑標準建立表

日期:　　　　　　評審：

一、外觀：(請勾選外觀顏色範圍及整齊度評鑑標準)

色澤：

深綠	亮橙	咖啡色	綠褐	黑褐

形狀(可複選)：□黃片　□鬆散　□緊結　□勻整　□圓緊　□油光　□霧面

二、水色：(請勾選茶湯水色範圍)

蜜綠	蜜黃	金黃	橙黃	琥珀

明亮度(可複選)：□混濁　□暗淡　□清澈　□明亮　(請勾選水色範圍及明亮度評鑑標準)

三、香氣：(請在左邊欄位內填入數字 1, 2, 3…代表該香型為主要特色，如為不需考慮之香氣，則不排序)

請依重要性排序		請勾選可能會有的香氣
	焙香	□核桃 □杏仁 □開心果 □榛果 □花生 □米麩 □芝麻 □玄米 □炒栗子 □餅乾 □麵包 □爆米香 □巧克力 □炒麥香 □淺焙咖啡 □脂味 □鍋巴 □烏梅 □煙燻 □焦炭 □菸味 □木炭 □重焙咖啡
	果香	□梨 □青蘋果 □青梅 □芭樂 □檸檬 □柑橘 □釋迦 □荔枝 □芒果 □水蜜桃 □鳳梨 □香蕉 □蘋果 □香瓜 □杏桃 □李 □佛手柑 □熟梅 □百香果 □芒果乾 □鳳梨乾 □龍眼乾 □芭樂乾 □無花果乾 □梅子乾 □葡萄乾 □莓果乾
	甜香	□牛奶 □奶油 □奶粉 □椰奶 □蔗糖 □焦糖 □黑糖 □楓糖 □麥芽糖 □蜂蜜
	花香	□桂花 □蘭花 □玉蘭花 □茉莉花 □茶花 □玫瑰花 □梔子花 □野薑花 □七里香 □檳榔花 □含笑花 □柚花
	青香	□青草 □乾草 □仙草 □薰衣草 □薄荷 □杭菊 □迷迭香 □羅勒 □洋甘菊 □空心菜 □豆芽 □竹筍 □甘藷葉 □龍葵 □蘑菇 □香菇 □菱角 □黃豆 □綠豆 □四季豆 □豆腐 □碗豆
	其他	□樟木 □檀木 □松木 □竹子 □檜木 □杉木 □胡椒 □肉桂 □薑 □陳皮 □人參 □酒釀 □乳酸 □酸菜 □醬油 □泥土 □汙泥 □油耗 □霉味 □魚腥 □海帶 □海苔 □西藥 □塑膠 □橡膠 □金屬 □皮革

四、滋味：

口味：□酸　□甜　□苦　□鹹　□鮮

(請在□內填入數字 1, 2, 3…代表該口味為主要特色，如為不需考慮之口味，則不排序)

口感：(請在左邊欄位內填入數字 1, 2, 3…代表該口感為主要特色，如為不需考慮之口感，則不排序)

請依重要性排序		0-10 分
	濃稠度	□淡薄 -------------------------□濃稠
	滑順度	□粗澀 -------------------------□滑順
	細緻度	□粗糙 -------------------------□細膩
	純淨度	□悶雜 -------------------------□清爽
	餘韻感	□短暫------------------------- □持久

五、其他說明：

▼ 附件 9-5 「東方美人茶」評鑑標準建立表

日期: 評審：

一、外觀：（請勾選外觀及整齊度評鑑標準)

□ □ □

形狀(可複選)：□破碎 □黃片 □鬆散 □緊結 □勻整 □白毫

二、水色：（請勾選茶湯水色範圍)

蜜黃	金黃	橙黃	橙紅	黃褐

明亮度(可複選)：□混濁 □暗淡 □清澈 □明亮 (請勾選水色範圍及明亮度評鑑標準)

三、香氣：(請在左邊欄位內填入數字 1, 2, 3…代表該香型為主要特色，如為不需考慮之香氣，則不排序)

請依重要性排序		請勾選可能會有的香氣
	果香	□梨 □青柿子 □橄欖 □芭樂 □檸檬 □柑橘 □荔枝 □芒果 □水蜜桃 □鳳梨 □香蕉 □黑莓 □葡萄 □柚子 □熟梅 □龍眼 □芒果乾 □鳳梨乾 □龍眼乾 □芭樂乾 □梅子乾
	甜香	□蔗糖 □焦糖 □黑糖 □蜂蜜
	花香	□桂花 □龍眼花 □茉莉花 □玫瑰花 □梔子花 □野薑花 □含笑花 □柚花
	青香	□青草 □乾草 □仙草 □竹葉 □菸草 □月桃葉 □薰衣草 □薄荷 □甜菊 □左手香 □香茅 □迷迭香 □玉米 □青椒 □竹筍 □甘藷葉 □小黃瓜 □蘑菇 □松露 □黃豆 □綠豆 □豆腐
	焙香	□堅果 □花生 □玄米 □淺焙咖啡 □餅乾 □麵包 □炒麥香 □煙燻 □木炭
	其他	□樟木 □檀木 □松木 □竹子 □檜木 □橡木桶 □濕木材 □胡椒 □肉桂 □丁香 □小荳蔻 □陳皮 □人參 □甘草 □酒釀 □香檳 □酸菜 □葡萄酒 □味噌 □起司 □泥土 □紙箱 □油耗 □霉味 □汽油 □塑膠

四、滋味：

口味：□酸 □甜 □苦 □鹹 □鮮

(請在□內填入數字 1, 2, 3…代表該口味為主要特色，如為不需考慮之口味，則不排序)

口感：(請在左邊欄位內填入數字 1, 2, 3…代表該口感為主要特色，如為不需考慮之口感，則不排序)

請依重要性排序		0-10 分
	濃稠度	□淡薄 --------------------------□濃稠
	滑順度	□粗澀 --------------------------□滑順
	細緻度	□粗糙 --------------------------□細膩
	純淨度	□悶雜 --------------------------□清爽
	餘韻感	□短暫-------------------------- □持久

五、其他說明：

▼ 附件 9-6 「臺灣紅茶」評鑑標準建立表

日期: **評審：**

一、外觀：(請勾選外觀顏色範圍及整齊度評鑑標準)

色澤：

亮橙	淺褐	咖啡色	綠褐	黑褐

形狀(可複選)：□粗老葉 □緊結 □勻整 □金毫

二、水色：(請勾選茶湯水色範圍)

蜜綠	蜜黃	金黃	亮橙	琥珀	暗褐

明亮度(可複選)：□混濁 □暗淡 □清澈 □明亮 (請勾選水色範圍及明亮度評鑑標準)

三、香氣：(請在左邊欄位內填入數字 1, 2, 3…代表該香型為主要特色，如為不需考慮之香氣，則不排序)

請依重要性排序		請勾選可能會有的香氣
	果香	□青蘋果 □檸檬 □柑橘 □葡萄柚 □荔枝 □甜橙 □水蜜桃 □鳳梨 □金棗 □蘋果 □黑莓 □杏桃 □草莓 □佛手柑 □熟梅 □百香果 □番茄 □龍眼乾 □李子乾□桃子乾 □小番茄乾
	甜香	□奶油 □奶粉 □蔗糖 □焦糖 □黑糖 □楓糖 □麥芽糖 □蜂蜜
	花香	□玫瑰花 □梔子花 □柑橘花 □夜來香 □柚花
	青香	□青草 □乾草 □仙草 □薰衣草 □薄荷 □洋甘菊 □羅勒 □迷迭香 □甘藷葉 □毛豆 □蘑菇 □香菇
	焙香	□淺焙咖啡 □餅乾 □麵包 □巧克力 □煙燻 □焦炭 □烏梅 □菸味
	其他	□橡木 □檀木 □松木 □檜木 □濕木材 □胡椒 □肉桂 □薑 □小荳蔻 □茴香 □陳皮 □人參 □甘草 □山楂 □酒釀 □醬油 □酸菜 □葡萄酒 □乳酸 □泥土 □紙箱 □油耗 □霉味 □西藥 □醋酸 □肥皂 □金屬 □皮革

四、滋味：

口味：□酸 □甜 □苦 □鹹 □鮮
(請在□內填入數字 1, 2, 3…代表該口味為主要特色，如為不需考慮之口味，則不排序)

口感：(請在左邊欄位內填入數字 1, 2, 3…代表該口感為主要特色，如為不需考慮之口感，則不排序)

請依重要性排序		0-10 分
	濃稠度	□淡薄 --------------------------□濃稠
	滑順度	□粗澀 --------------------------□滑順
	細緻度	□細膩 --------------------------□粗糙
	純淨度	□悶雜 --------------------------□清爽
	餘韻感	□短暫-------------------------- □持久

五、其他說明：

▼ 附件 9-7 碧螺春綠茶 TAGs 分級風味評分表（範例）

茶樣編號：__________**日期：**___**年**____**月**____**日 評審：**__________

壹、分級及綜合評價：________ (由品質各評分項依權重合計，四捨五入至小數點後一位)

□**特選**(8 分以上)　□**精選**(7.0-7.9 分)　□**優選**(6.0-6.9 分)　□**不入選**(5.9 分以下)

貳、品質：(優選以上始進行品質描述)

一、外觀(權重 30%)：_______ 分(起始分數為 7 分，色澤於標準區間外扣一分，形狀每勾選一個負面詞扣 0.5；正面詞加 0.5)

色澤：

標準色澤區間

黃綠	綠黃	青綠	翠綠	墨綠

形狀(可複選)：□茶末　□破碎　□黃片　□鬆散　□緊結　□勻整　□潤澤　□白毫　□其他：

二、水色(權重 20%)：_______ 分(起始分數為 7 分，水色於標準區間外扣 1 分，明亮度每勾選一個負面詞扣 1 分；正面詞加 1 分)

標準水色區間

淺綠	淺黃	蜜綠	蜜黃	金黃

明亮度(可複選)：□混濁　□暗淡　□清澈　□明亮　□其他：__________

三、香氣(權重 25%)：_______ 分(起始分數為 7 分，依香型與強度斟酌加減分，沒有該香型則不勾選)

香型	強度				請勾選聞及品嚐到的香氣
青香	淡	中等	偏濃	濃	□青草 □乾草 □仙草 □菸草 □甘藷葉 □空心菜 □竹筍 □龍葵 □玉米筍 □綠豆 □黃豆 □豆腐 □植物蛋白 □其他:__
甜香	淡	中等	偏濃	濃	□焦糖 □冰糖 □蜂蜜 □其他:________
花香	淡	中等	偏濃	濃	□茉莉花 □柚花 □桂花 □其他:________
果香	淡	中等	偏濃	濃	□檸檬 □芭樂 □柑橘 □柚子 □其他:________
堅果雜糧	淡	中等	偏濃	濃	□花生 □杏仁 □栗子 □甘藷 □芋頭 □甜菜 □其他:______
焙香	淡	中等	偏濃	濃	□爆米香 □烏梅 □煙燻 □其他:________
其他	淡	中等	偏濃	濃	□檜木 □松木 □樟木 □竹子 □薄荷 □羅勒 □胡椒 □泥土 □汙泥 □霉味 □海帶 □海苔 □魚腥 □塑膠 □橡膠 □西藥

四、滋味(權重 25%)：_______ 分(起始分數為 7 分，依各項強度斟酌加減分)

口味：(沒有該口味則不勾選)

甜：□稍微　□中等　□偏多　□非常
鮮：□稍微　□中等　□偏多　□非常
苦：□稍微　□中等　□偏多　□非常
酸：□稍微　□中等　□偏多　□非常

口感：

濃稠度：□淡薄　□稍微　□中等　□偏多　□非常　**濃稠**
餘韻感：□短暫　□稍微　□中等　□偏多　□非常　**持久**
滑順度：□粗澀　□稍微　□中等　□偏多　□非常　**滑順**
純淨度：□悶雜　□稍微　□中等　□偏多　□非常　**清爽**
細緻度：□粗糙　□稍微　□中等　□偏多　□非常　**細膩**

參、品質描述與建議：____________________

附件 9-8　清香型條形包種茶 TAGs 分級風味評分表（範例）

茶樣編號：＿＿＿＿＿＿＿**日期：**＿＿**年**＿＿＿**月**＿＿**日　評審：**＿＿＿＿＿＿＿

壹、分級及綜合評價：＿＿＿＿＿ (由品質各評分項依權重合計，四捨五入至小數點後一位)

□特選(8 分以上)　□精選(7.0-7.9 分)　□優選(6.0-6.9 分)　□不入選(5.9 分以下)

貳、品質：(優選以上始進行品質描述)

一、外觀(權重 20%)：＿＿＿＿ 分(起始分數為 7 分，色澤於標準區間外扣一分，形狀每勾選一個負面詞扣 0.5；正面詞加 0.5)

色澤：

標準色澤區間

黃綠	綠黃	青綠	翠綠	墨綠

形狀(可複選)：□茶末　□破碎　□黃片　□鬆散　□緊結　□勻整　□其他：＿＿＿＿＿＿＿

二、水色(權重 20%)：＿＿＿＿ 分(起始分數為 7 分，水色於標準區間外扣 1 分，明亮度每勾選一個負面詞扣 1 分；正面詞加 1 分)

標準水色區間

淺綠	蜜綠	蜜黃	金黃	麥黃

明亮度(可複選)：□混濁　□暗淡　□清澈　□明亮　□其他：＿＿＿＿＿＿＿

三、香氣(權重 30%)：＿＿＿＿ 分(起始分數為 7 分，依香型與強度斟酌加減分，沒有該香型則不勾選)

香型	強度				請勾選聞及品嚐到的香氣
花香	淡	中等	偏濃	濃	□桂花 □蘭花 □玉蘭花 □茉莉花 □檳榔花 □梔子花 □野薑花 □柚花 □其他:＿＿＿＿＿＿
果香	淡	中等	偏濃	濃	□梨 □紅棗 □檸檬 □芭樂 □青蘋果 □橄欖 □青梅 □柑橘 □釋迦 □荔枝 □芒果 □水蜜桃 □香瓜 □芒果乾 □鳳梨乾 □龍眼乾
甜香	淡	中等	偏濃	濃	□牛奶 □奶油 □椰奶 □冬瓜糖 □蔗糖 □焦糖 □黑糖 □楓糖 □蜂蜜 □其他:＿＿＿＿＿＿
青香	淡	中等	偏濃	濃	□青草 □乾草 □仙草 □空心菜 □玉米筍 □竹筍 □甘藷葉 □豆芽 □龍葵 □綠豆 □植物蛋白 □四季豆 □豆腐 □其他:_
堅果雜糧	淡	中等	偏濃	濃	□核桃 □杏仁 □開心果 □花生 □米飯 □麥 □甘藷 □芋頭 □馬鈴薯 □其他:＿＿＿＿＿＿
焙香	淡	中等	偏濃	濃	□炒麥香 □炒栗子 □爆米香 □玄米 □麵包 □餅乾 □烏梅 □煙燻 □菸味 □其他:＿＿＿＿＿＿
其他	淡	中等	偏濃	濃	□薄荷 □羅勒 □肉桂 □泥土 □汙泥 □油耗 □霉味 □魚腥 □海帶 □海苔 □塑膠 □橡膠 □西藥

四、滋味(權重 30%)：＿＿＿＿ 分(起始分數為 7 分，依各項強度斟酌加減分)

口味：(沒有該口味則不勾選)

甜：	□稍微	□中等	□偏多	□非常
鮮：	□稍微	□中等	□偏多	□非常
苦：	□稍微	□中等	□偏多	□非常
酸：	□稍微	□中等	□偏多	□非常

口感：

濃稠度：	□淡薄	□稍微	□中等	□偏多	□非常	**濃稠**
餘韻感：	□短暫	□稍微	□中等	□偏多	□非常	**持久**
滑順度：	□粗澀	□稍微	□中等	□偏多	□非常	**滑順**
純淨度：	□悶雜	□稍微	□中等	□偏多	□非常	**清爽**
細緻度：	□粗糙	□稍微	□中等	□偏多	□非常	**細膩**

參、品質描述與建議：

＿＿＿＿＿＿＿＿＿＿＿＿＿＿＿＿＿＿＿＿＿＿＿＿＿＿＿＿＿＿

＿＿＿＿＿＿＿＿＿＿＿＿＿＿＿＿＿＿＿＿＿＿＿＿＿＿＿＿＿＿

▼ 附件 9-9　清香型球形烏龍茶 TAGs 分級風味評分表（範例）

茶樣編號：＿＿＿＿＿日期：＿＿年＿＿月＿＿日 評審：＿＿＿＿＿

壹、分級及綜合評價：＿＿＿＿ (由品質各評分項依權重合計，四捨五入至小數點後一位)

☐特選(8 分以上)　☐精選(7.0-7.9 分)　☐優選(6.0-6.9 分)　☐不入選(5.9 分以下)

貳、品質：(優選以上始進行品質描述)

一、外觀(權重 20%)：＿＿＿ 分(起始分數為 7 分，色澤於標準區間外扣一分，形狀每勾選一個負面詞扣 0.5；正面詞加 0.5)

色澤：　標準色澤區間

綠黃	青綠	翠綠	砂綠	墨綠

形狀(可複選)：☐黃片　☐鬆散　☐緊結　☐勻整　☐圓緊　☐其他：＿＿＿＿＿

二、水色(權重 20%)：＿＿＿ 分(起始分數為 7 分，水色於標準區間外扣 1 分，明亮度每勾選一個負面詞扣 1 分；正面詞加 1 分)

標準水色區間

蜜綠	蜜黃	金黃	麥黃	黃褐

明亮度(可複選)：☐混濁　☐暗淡　☐清澈　☐明亮　☐其他：＿＿＿＿＿

三、香氣(權重 30%)：＿＿＿ 分(起始分數為 7 分，依香型與強度斟酌加減分，沒有該香型則不勾選)

香型	強度				請勾選聞及品嚐到的香氣
花香	淡	中等	偏濃	濃	☐桂花 ☐蘭花 ☐玉蘭花 ☐茉莉花 ☐玫瑰花 ☐梔子花 ☐野薑花☐七里香 ☐檳榔花 ☐夜來香 ☐樹蘭 ☐其他:＿＿＿＿
甜香	淡	中等	偏濃	濃	☐牛奶 ☐奶油 ☐奶粉 ☐蔗糖 ☐焦糖 ☐黑糖 ☐楓糖 ☐蜂蜜 ☐其他:＿＿＿＿
果香	淡	中等	偏濃	濃	☐梨 ☐印度棗 ☐青梅 ☐芭樂 ☐橄欖 ☐柑橘 ☐釋迦 ☐荔枝 ☐芒果 ☐水蜜桃 ☐無花果 ☐香蕉 ☐蘋果 ☐柚子 ☐芒果乾 ☐鳳梨乾 ☐龍眼乾 ☐紅棗乾☐其他:＿＿＿＿
青香	淡	中等	偏濃	濃	☐青草 ☐乾草 ☐仙草 ☐竹葉 ☐薄荷 ☐杭菊 ☐空心菜 ☐玉米筍☐竹筍 ☐甘藷葉 ☐龍葵 ☐黃豆 ☐綠豆 ☐植物蛋白 ☐豆腐 ☐其他:＿＿＿＿
堅果雜糧	淡	中等	偏濃	濃	☐核桃 ☐杏仁 ☐開心果 ☐榛果 ☐腰果 ☐花生 ☐米飯 ☐決明子 ☐甘藷 ☐芋頭
焙香	淡	中等	偏濃	濃	☐爆米香 ☐炒栗子 ☐芝麻 ☐玄米 ☐烏梅 ☐煙燻 ☐菸味 ☐其他:＿＿＿＿
其他	淡	中等	偏濃	濃	☐樟木 ☐檀木 ☐松木 ☐胡椒 ☐八角 ☐薑 ☐酒釀 ☐酵母粉 ☐泥土 ☐汙泥 ☐油耗 ☐紙箱 ☐魚腥 ☐蛤蜊 ☐柴魚 ☐海帶 ☐海苔 ☐西藥 ☐塑膠 ☐橡膠 ☐其他:＿＿＿＿

四、滋味(權重 30%)：＿＿＿ 分(起始分數為 7 分，依各項強度斟酌加減分)

口味：(沒有該口味則不勾選)

甜：	☐稍微	☐中等	☐偏多	☐非常
鮮：	☐稍微	☐中等	☐偏多	☐非常
苦：	☐稍微	☐中等	☐偏多	☐非常
酸：	☐稍微	☐中等	☐偏多	☐非常

口感：

濃稠度：	☐淡薄	☐稍微	☐中等	☐偏多	☐非常	**濃稠**
餘韻感：	☐短暫	☐稍微	☐中等	☐偏多	☐非常	**持久**
滑順度：	☐粗澀	☐稍微	☐中等	☐偏多	☐非常	**滑順**
純淨度：	☐悶雜	☐稍微	☐中等	☐偏多	☐非常	**清爽**
細緻度：	☐粗糙	☐稍微	☐中等	☐偏多	☐非常	**細膩**

参、品質描述與建議：

＿＿＿＿＿＿＿＿＿＿＿＿＿＿＿＿＿＿＿＿

＿＿＿＿＿＿＿＿＿＿＿＿＿＿＿＿＿＿＿＿

▼ 附件 9-10　凍頂烏龍茶 TAGs 分級風味評分表（範例）

茶樣編號：____________日期：___年_____月____日 評審：______________

壹、分級及綜合評價：________(由品質各評分項依權重合計，四捨五入至小數點後一位)

☐特選(8 分以上)　☐精選(7.0-7.9 分)　☐優選(6.0-6.9 分)　☐不入選(5.9 分以下)

貳、品質：(優選以上始進行品質描述)

一、外觀(權重 20%)：_______ 分(起始分數為 7 分，色澤於標準區間外扣一分，形狀每勾選一個負面詞扣 0.5；正面詞加 0.5)

色澤：（標準色澤區間）

青綠	翠綠	深綠	墨綠	墨黑

形狀(可複選)：☐黃片 ☐鬆散 ☐緊結 ☐勻整 ☐圓緊 ☐油光 ☐霧面 ☐其他：__________

二、水色(權重 20%)：_______ 分(起始分數為 7 分，水色於標準區間外扣 1 分，明亮度每勾選一個負面詞扣 1 分；正面詞加 1 分)

（標準水色區間）

蜜綠	蜜黃	金黃	橙黃	琥珀	暗褐

明亮度(可複選)：☐混濁 ☐暗淡 ☐清澈 ☐明亮 ☐其他：__________

三、香氣(權重 30%)：_______ 分(起始分數為 7 分，依香型與強度斟酌加減分，沒有該香型則不勾選)

香型	強度				請勾選聞及品嚐到的香氣
焙香	淡	中等	偏濃	濃	☐核桃 ☐杏仁 ☐開心果 ☐榛果 ☐花生 ☐米麩 ☐芝麻 ☐玄米 ☐炒栗子 ☐餅乾 ☐麵包 ☐爆米香 ☐巧克力 ☐炒麥香 ☐淺焙咖啡 ☐脂味 ☐鍋巴 ☐烏梅 ☐煙燻 ☐焦炭 ☐菸味 ☐木炭 ☐重焙咖啡 ☐其他:________
果香	淡	中等	偏濃	濃	☐梨 ☐青蘋果 ☐青梅 ☐芭樂 ☐檸檬 ☐柑橘 ☐釋迦 ☐荔枝 ☐芒果 ☐水蜜桃 ☐鳳梨 ☐香蕉 ☐蘋果 ☐香瓜 ☐杏桃 ☐李 ☐佛手柑 ☐熟梅 ☐百香果 ☐芒果乾 ☐鳳梨乾 ☐龍眼乾 ☐芭樂乾 ☐無花果乾 ☐梅子乾 ☐葡萄乾 ☐莓果乾 ☐其他:___
甜香	淡	中等	偏濃	濃	☐牛奶 ☐奶油 ☐奶粉 ☐椰奶 ☐蔗糖 ☐焦糖 ☐黑糖 ☐楓糖 ☐麥芽糖 ☐蜂蜜 ☐其他:________
花香	淡	中等	偏濃	濃	☐桂花 ☐蘭花 ☐玉蘭花 ☐茉莉花 ☐茶花 ☐玫瑰花 ☐梔子花 ☐野薑花 ☐七里香 ☐檳榔花 ☐含笑花 ☐柚花 ☐其他:_______
青香	淡	中等	偏濃	濃	☐青草 ☐乾草 ☐仙草 ☐薰衣草 ☐薄荷 ☐杭菊 ☐迷迭香 ☐羅勒 ☐洋甘菊 ☐空心菜 ☐豆芽 ☐竹筍 ☐甘藷葉 ☐龍葵 ☐蘑菇 ☐香菇 ☐菱角 ☐黃豆 ☐綠豆☐四季豆 ☐豆腐 ☐碗豆
其他	淡	中等	偏濃	濃	☐樟木 ☐檀木 ☐松木 ☐竹子 ☐檜木 ☐杉木 ☐胡椒 ☐肉桂 ☐薑 ☐陳皮 ☐人參 ☐酒釀 ☐乳酸 ☐酸菜 ☐醬油 ☐泥土 ☐汙泥 ☐油耗 ☐霉味 ☐魚腥 ☐海帶 ☐海苔 ☐西藥 ☐塑膠 ☐橡膠 ☐金屬 ☐皮革 ☐其他:________

四、滋味(權重 30%)：_______ 分(起始分數為 7 分，依各項強度斟酌加減分)

口味：(沒有該口味則不勾選)

甜：	☐稍微	☐中等	☐偏多	☐非常
鮮：	☐稍微	☐中等	☐偏多	☐非常
苦：	☐稍微	☐中等	☐偏多	☐非常
酸：	☐稍微	☐中等	☐偏多	☐非常

口感：

濃稠度：	☐淡薄	☐稍微	☐中等	☐偏多	☐非常 **濃稠**
餘韻感：	☐短暫	☐稍微	☐中等	☐偏多	☐非常 **持久**
滑順度：	☐粗澀	☐稍微	☐中等	☐偏多	☐非常 **滑順**
純淨度：	☐悶雜	☐稍微	☐中等	☐偏多	☐非常 **清爽**
細緻度：	☐粗糙	☐稍微	☐中等	☐偏多	☐非常 **細膩**

參、品質描述與建議：____

____

▼ 附件 9-11 鐵觀音茶 TAGs 分級風味評分表（範例）

茶樣編號：____________日期：___年_____月____日 評審：______________

壹、分級及綜合評價：________(由品質各評分項依權重合計，四捨五入至小數點後一位)

☐特選(8 分以上) ☐精選(7.0-7.9 分) ☐優選(6.0-6.9 分) ☐不入選(5.9 分以下)

貳、品質：(優選以上始進行品質描述)

一、外觀(權重 20%)：_______ 分(起始分數為 7 分，色澤於標準區間外扣一分，形狀每勾選一個負面詞扣 0.5；正面詞加 0.5)

色澤：

標準色澤區間

土橙	淺褐	褐色	綠褐	黑褐

形狀(可複選)：☐黃片 ☐鬆散 ☐緊結 ☐勻整 ☐圓緊 ☐油光 ☐霧面 ☐其他：____________

二、水色(權重 20%)：_______ 分(起始分數為 7 分，水色於標準區間外扣 1 分，明亮度每勾選一個負面詞扣 1 分；正面詞加 1 分)

標準水色區間

蜜綠	蜜黃	金黃	麥黃	琥珀	暗褐

明亮度(可複選)：☐混濁 ☐暗淡 ☐清澈 ☐明亮 ☐其他：____________

三、香氣(權重 30%)：_______ 分(起始分數為 7 分，依香型與強度斟酌加減分，沒有該香型則不勾選)

香型	強度				請勾選聞及品嚐到的香氣
焙香	淡	中等	偏濃	濃	☐核桃 ☐杏仁 ☐開心果 ☐榛果 ☐花生 ☐米麩 ☐芝麻 ☐玄米 ☐炒栗子 ☐餅乾 ☐麵包 ☐爆米香 ☐巧克力 ☐炒麥香 ☐淺焙咖啡 ☐脂味 ☐鍋巴 ☐烏梅 ☐煙燻 ☐焦炭 ☐菸味 ☐木炭 ☐重焙咖啡 ☐其他:____________
果香	淡	中等	偏濃	濃	☐梨 ☐青蘋果 ☐青梅 ☐芭樂 ☐檸檬 ☐柑橘 ☐釋迦 ☐荔枝 ☐芒果 ☐水蜜桃 ☐鳳梨 ☐香蕉 ☐蘋果 ☐香瓜 ☐杏桃 ☐李 ☐佛手柑 ☐熟梅 ☐百香果 ☐芒果乾 ☐鳳梨乾 ☐龍眼乾 ☐芭樂乾 ☐無花果乾 ☐梅子乾 ☐葡萄乾 ☐莓果乾 ☐其他:___
甜香	淡	中等	偏濃	濃	☐牛奶 ☐奶油 ☐奶粉 ☐椰奶 ☐蔗糖 ☐焦糖 ☐黑糖 ☐楓糖 ☐麥芽糖 ☐蜂蜜 ☐其他:____________
花香	淡	中等	偏濃	濃	☐桂花 ☐蘭花 ☐玉蘭花 ☐茉莉花 ☐茶花 ☐玫瑰花 ☐梔子花 ☐野薑花 ☐七里香 ☐檳榔花 ☐含笑花 ☐柚花 ☐其他:_______
青香	淡	中等	偏濃	濃	☐青草 ☐乾草 ☐仙草 ☐薰衣草 ☐薄荷 ☐杭菊 ☐迷迭香 ☐羅勒 ☐洋甘菊 ☐空心菜 ☐豆芽 ☐竹筍 ☐甘藷葉 ☐龍葵 ☐蘑菇 ☐香菇 ☐菱角 ☐黃豆 ☐綠豆☐四季豆 ☐豆腐 ☐碗豆
其他	淡	中等	偏濃	濃	☐樟木 ☐檀木 ☐松木 ☐竹子 ☐檜木 ☐杉木 ☐胡椒 ☐肉桂 ☐薑 ☐陳皮 ☐人參 ☐酒釀 ☐乳酸 ☐酸菜 ☐醬油 ☐泥土 ☐汙泥 ☐油耗 ☐霉味 ☐魚腥 ☐海帶 ☐海苔 ☐西藥 ☐塑膠 ☐橡膠 ☐金屬 ☐皮革 ☐其他:____________

四、滋味(權重 30%)：_______ 分(起始分數為 7 分，依各項強度斟酌加減分)

口味：(沒有該口味則不勾選)

甜：	☐稍微	☐中等	☐偏多	☐非常
鮮：	☐稍微	☐中等	☐偏多	☐非常
苦：	☐稍微	☐中等	☐偏多	☐非常
酸：	☐稍微	☐中等	☐偏多	☐非常

口感：

濃稠度：	☐淡薄	☐稍微	☐中等	☐偏多	☐非常	濃稠
餘韻感：	☐短暫	☐稍微	☐中等	☐偏多	☐非常	持久
滑順度：	☐粗澀	☐稍微	☐中等	☐偏多	☐非常	滑順
純淨度：	☐悶雜	☐稍微	☐中等	☐偏多	☐非常	清爽
細緻度：	☐粗糙	☐稍微	☐中等	☐偏多	☐非常	細膩

參、品質描述與建議：____

____

▼ 附件 9-12　紅烏龍茶 TAGs 分級風味評分表（範例）

茶樣編號：＿＿＿＿＿**日期：**＿＿年＿＿月＿＿日 **評審：**＿＿＿＿＿

壹、分級及綜合評價：＿＿＿＿(由品質各評分項依權重合計，四捨五入至小數點後一位)

☐特選(8 分以上)　☐精選(7.0-7.9 分)　☐優選(6.0-6.9 分)　☐不入選(5.9 分以下)

貳、品質：(優選以上始進行品質描述)

一、外觀(權重 20%)：＿＿＿ 分(起始分數為 7 分，色澤於標準區間外扣一分，形狀每勾選一個負面詞扣 0.5；正面詞加 0.5)

色澤：　標準色澤區間

土橙	淺褐	褐色	綠褐	黑褐

形狀(可複選)：☐黃片 ☐鬆散 ☐緊結 ☐勻整 ☐圓緊 ☐油光 ☐霧面 ☐其他：＿＿＿＿

二、水色(權重 20%)：＿＿＿ 分(起始分數為 7 分，水色於標準區間外扣 1 分，明亮度每勾選一個負面詞扣 1 分；正面詞加 1 分)

標準水色區間

麥黃	蜜黃	金黃	橙色	琥珀	暗褐

明亮度(可複選)：☐混濁 ☐暗淡 ☐清澈 ☐明亮 ☐其他：＿＿＿＿

三、香氣(權重 30%)：＿＿＿ 分(起始分數為 7 分，依香型與強度斟酌加減分，沒有該香型則不勾選)

香型	強度				請勾選聞及品嚐到的香氣
焙香	淡	中等	偏濃	濃	☐核桃 ☐杏仁 ☐開心果 ☐榛果 ☐花生 ☐米麩 ☐芝麻 ☐玄米 ☐炒栗子 ☐餅乾 ☐麵包 ☐爆米香 ☐巧克力 ☐炒麥香 ☐淺焙咖啡 ☐脂味 ☐鍋巴 ☐烏梅 ☐煙燻 ☐焦炭 ☐菸味 ☐木炭 ☐重焙咖啡 ☐其他:＿＿＿＿
果香	淡	中等	偏濃	濃	☐梨 ☐青蘋果 ☐青梅 ☐芭樂 ☐檸檬 ☐柑橘 ☐釋迦 ☐荔枝 ☐芒果 ☐水蜜桃 ☐鳳梨 ☐香蕉 ☐蘋果 ☐香瓜 ☐杏桃 ☐李 ☐佛手柑 ☐熟梅 ☐百香果 ☐芒果乾 ☐鳳梨乾 ☐龍眼乾 ☐芭樂乾 ☐無花果乾 ☐梅子乾 ☐葡萄乾 ☐莓果乾 ☐其他:＿＿
甜香	淡	中等	偏濃	濃	☐牛奶 ☐奶油 ☐奶粉 ☐椰奶 ☐蔗糖 ☐焦糖 ☐黑糖 ☐楓糖 ☐麥芽糖 ☐蜂蜜 ☐其他:＿＿＿＿
花香	淡	中等	偏濃	濃	☐桂花 ☐蘭花 ☐玉蘭花 ☐茉莉花 ☐茶花 ☐玫瑰花 ☐梔子花 ☐野薑花 ☐七里香 ☐檳榔花 ☐含笑花 ☐柚花 ☐其他:＿＿＿
青香	淡	中等	偏濃	濃	☐青草 ☐乾草 ☐仙草 ☐薰衣草 ☐薄荷 ☐杭菊 ☐迷迭香 ☐羅勒 ☐洋甘菊 ☐空心菜 ☐豆芽 ☐竹筍 ☐甘藷葉 ☐龍葵 ☐蘑菇 ☐香菇 ☐菱角 ☐黃豆 ☐綠豆☐四季豆 ☐豆腐 ☐碗豆
其他	淡	中等	偏濃	濃	☐樟木 ☐檀木 ☐松木 ☐竹子 ☐檜木 ☐杉木 ☐胡椒 ☐肉桂 ☐薑 ☐陳皮 ☐人參 ☐酒釀 ☐乳酸 ☐酸菜 ☐醬油 ☐泥土 ☐汙泥 ☐油耗 ☐霉味 ☐魚腥 ☐海帶 ☐海苔 ☐西藥 ☐塑膠 ☐橡膠 ☐金屬 ☐皮革 ☐其他:＿＿＿＿

四、滋味(權重 30%)：＿＿＿ 分(起始分數為 7 分，依各項強度斟酌加減分)

口味：(沒有該口味則不勾選)

甜：	☐稍微	☐中等	☐偏多	☐非常
鮮：	☐稍微	☐中等	☐偏多	☐非常
苦：	☐稍微	☐中等	☐偏多	☐非常
酸：	☐稍微	☐中等	☐偏多	☐非常

口感：

濃稠度：	☐淡薄	☐稍微	☐中等	☐偏多	☐非常	**濃稠**
餘韻感：	☐短暫	☐稍微	☐中等	☐偏多	☐非常	**持久**
滑順度：	☐粗澀	☐稍微	☐中等	☐偏多	☐非常	**滑順**
純淨度：	☐悶雜	☐稍微	☐中等	☐偏多	☐非常	**清爽**
細緻度：	☐粗糙	☐稍微	☐中等	☐偏多	☐非常	**細膩**

參、品質描述與建議：＿＿＿＿＿＿＿＿＿＿＿＿＿＿＿＿＿＿＿＿

＿＿＿＿＿＿＿＿＿＿＿＿＿＿＿＿＿＿＿＿＿＿＿＿＿＿＿＿

▼ 附件 9-13 東方美人茶 TAGs 分級風味評分表（範例）

茶樣編號：＿＿＿＿＿＿日期：＿＿年＿＿＿月＿＿＿日 評審：＿＿＿＿＿＿

壹、分級及綜合評價：＿＿＿＿＿(由品質各評分項依權重合計，四捨五入至小數點後一位)

☐特選(8 分以上) ☐精選(7.0-7.9 分) ☐優選(6.0-6.9 分) ☐不入選(5.9 分以下)

貳、品質：(優選以上始進行品質描述)

一、外觀(權重 30%)：＿＿＿＿ 分(起始分數勾選左圖為 6 分、中間為 7 分、右圖為 8 分，形狀每勾選一個負面詞扣 0.5；正面詞加 0.5)

☐ ☐ ☐

形狀(可複選)：☐破碎 ☐黃片 ☐鬆散 ☐緊結 ☐勻整 ☐白毫 ☐其他：＿＿＿＿＿＿

二、水色(權重 20%)：＿＿＿＿ 分(起始分數為 7 分，水色於標準區間外扣 1 分，明亮度每勾選一個負面詞扣 1 分；正面詞加 1 分)

標準色澤區間

蜜黃	金黃	橙黃	橙紅	黃褐

明亮度(可複選)：☐混濁 ☐暗淡 ☐清澈 ☐明亮 ☐其他：＿＿＿＿＿＿

三、香氣(權重 25%)：＿＿＿＿ 分(起始分數為 7 分，依香型與強度斟酌加減分，沒有該香型則不勾選)

香型	強度				請勾選聞及品嚐到的香氣
果香					☐梨 ☐青柿子 ☐橄欖 ☐芭樂 ☐檸檬 ☐柑橘 ☐荔枝 ☐芒果
	淡	中等	偏濃	濃	☐水蜜桃 ☐鳳梨 ☐香蕉 ☐黑莓 ☐葡萄 ☐柚子 ☐熟梅 ☐龍眼 ☐芒果乾 ☐鳳梨乾 ☐龍眼乾 ☐芭樂乾 ☐梅子乾
甜香					☐蔗糖 ☐焦糖 ☐黑糖 ☐蜂蜜 ☐其他:＿＿＿＿
	淡	中等	偏濃	濃	
花香					☐桂花 ☐龍眼花 ☐茉莉花 ☐玫瑰花 ☐梔子花 ☐野薑花
	淡	中等	偏濃	濃	☐含笑花 ☐柚花 ☐其他:＿＿＿＿
青香					☐青草 ☐乾草 ☐仙草 ☐竹葉 ☐菸草 ☐月桃葉 ☐薰衣草
	淡	中等	偏濃	濃	☐薄荷 ☐甜菊 ☐左手香 ☐香茅 ☐迷迭香 ☐玉米 ☐青椒 ☐竹筍 ☐甘藷葉 ☐小黃瓜 ☐蘑菇 ☐松露 ☐黃豆 ☐綠豆 ☐豆腐 ☐其他:＿＿＿＿
焙香					☐堅果 ☐花生 ☐玄米 ☐淺焙咖啡 ☐餅乾 ☐麵包 ☐炒麥香
	淡	中等	偏濃	濃	☐煙燻 ☐木炭 ☐其他:＿＿＿＿
其他					☐樟木 ☐檀木 ☐松木 ☐竹子 ☐檜木 ☐杉木 ☐胡椒 ☐肉桂 ☐薑 ☐陳皮 ☐人參 ☐酒釀 ☐乳酸 ☐酸菜 ☐醬油 ☐泥土
	淡	中等	偏濃	濃	☐汙泥 ☐油耗 ☐霉味 ☐魚腥 ☐海帶 ☐海苔 ☐西藥 ☐塑膠 ☐橡膠 ☐金屬 ☐皮革 ☐其他:＿＿＿＿

四、滋味(權重 25%)：＿＿＿＿ 分(起始分數為 7 分，依各項強度斟酌加減分)

口味：(沒有該口味則不勾選)

甜：☐稍微 ☐中等 ☐偏多 ☐非常
鮮：☐稍微 ☐中等 ☐偏多 ☐非常
苦：☐稍微 ☐中等 ☐偏多 ☐非常
酸：☐稍微 ☐中等 ☐偏多 ☐非常

口感：

濃稠度：☐淡薄 ☐稍微 ☐中等 ☐偏多 ☐非常 **濃稠**
餘韻感：☐短暫 ☐稍微 ☐中等 ☐偏多 ☐非常 **持久**
滑順度：☐粗澀 ☐稍微 ☐中等 ☐偏多 ☐非常 **滑順**
純淨度：☐悶雜 ☐稍微 ☐中等 ☐偏多 ☐非常 **清爽**
細緻度：☐粗糙 ☐稍微 ☐中等 ☐偏多 ☐非常 **細膩**

參、品質描述與建議：

＿＿＿＿＿＿＿＿＿＿＿＿＿＿＿＿＿＿＿＿

＿＿＿＿＿＿＿＿＿＿＿＿＿＿＿＿＿＿＿＿

▼ 附件 9-14　臺灣紅茶 TAGs 分級風味評分表（範例）

茶樣編號：＿＿＿＿＿＿日期：＿＿年＿＿＿月＿＿＿日 評審：＿＿＿＿＿＿＿

壹、分級及綜合評價：＿＿＿＿＿(由品質各評分項依權重合計，四捨五入至小數點後一位)

☐特選(8 分以上)　☐精選(7.0-7.9 分)　☐優選(6.0-6.9 分)　☐不入選(5.9 分以下)

貳、品質：(優選以上始進行品質描述)

一、外觀(權重 20%)：＿＿＿＿分(起始分數為 7 分，色澤於標準區間外扣一分，形狀每勾選一個負面詞扣 0.5；正面詞加 0.5)

色澤：

←標準色澤區間→				
土橙	淺褐	褐色	黑褐	墨黑

形狀(可複選)： ☐粗老葉 ☐條鬆 ☐黃片 ☐緊結 ☐勻整 ☐金毫 ☐其他：＿＿＿＿＿＿

二、水色(權重 20%)：＿＿＿＿分(起始分數為 7 分，水色於標準區間外扣 1 分，明亮度每勾選一個負面詞扣 1 分；正面詞加 1 分)

標準水色區間

橙黃	橙色	橙紅	金紅	艷紅	琥珀	暗褐

明亮度(可複選)： ☐混濁 ☐暗淡 ☐清澈 ☐明亮 ☐其他：＿＿＿＿＿＿＿＿

三、香氣(權重 25%)：＿＿＿＿分(起始分數為 7 分，依香型與強度斟酌加減分，沒有該香型則不勾選)

香型	強度				請勾選聞及品嚐到的香氣
果香					☐青蘋果 ☐檸檬 ☐柑橘 ☐葡萄柚 ☐荔枝 ☐甜橙 ☐水蜜桃 ☐鳳梨 ☐金棗 ☐蘋果 ☐黑莓 ☐杏桃 ☐草莓 ☐佛手柑 ☐熟梅 ☐百香果 ☐番茄 ☐龍眼乾 ☐李子乾 ☐桃子乾 ☐小番茄乾 ☐其他:＿＿＿＿＿＿
	淡	中等	偏濃	濃	
甜香					☐奶油 ☐奶粉 ☐蔗糖 ☐焦糖 ☐黑糖 ☐楓糖 ☐麥芽糖 ☐蜂蜜 ☐其他:＿＿＿＿＿＿
	淡	中等	偏濃	濃	
花香					☐玫瑰花 ☐梔子花 ☐柑橘花 ☐夜來香 ☐柚花 ☐其他:＿＿＿＿＿＿
	淡	中等	偏濃	濃	
青香					☐青草 ☐乾草 ☐仙草 ☐薰衣草 ☐薄荷 ☐洋甘菊 ☐羅勒 ☐迷迭香 ☐甘藷葉 ☐毛豆 ☐蘑菇 ☐香菇 ☐其他:＿＿＿＿＿＿
	淡	中等	偏濃	濃	
焙香					☐淺焙咖啡 ☐餅乾 ☐麵包 ☐巧克力 ☐煙燻 ☐焦炭 ☐烏梅 ☐菸味 ☐其他:＿＿＿＿＿＿
	淡	中等	偏濃	濃	
其他					☐橡木 ☐檀木 ☐松木 ☐檜木 ☐濕木材 ☐胡椒 ☐肉桂 ☐薑 ☐小荳蔻 ☐茴香 ☐陳皮 ☐人參 ☐甘草 ☐山楂 ☐酒釀 ☐醬油 ☐酸菜 ☐葡萄酒 ☐乳酸 ☐泥土 ☐紙箱 ☐油耗 ☐霉味 ☐西藥 ☐醋酸 ☐肥皂 ☐金屬 ☐皮革 ☐其他:＿＿＿＿＿＿
	淡	中等	偏濃	濃	

四、滋味(權重 25%)：＿＿＿＿分(起始分數為 7 分，依各項強度斟酌加減分)

口味：(沒有該口味則不勾選)

甜：☐稍微 ☐中等 ☐偏多 ☐非常
鮮：☐稍微 ☐中等 ☐偏多 ☐非常
苦：☐稍微 ☐中等 ☐偏多 ☐非常
酸：☐稍微 ☐中等 ☐偏多 ☐非常

口感：

濃稠度：☐淡薄 ☐稍微 ☐中等 ☐偏多 ☐非常 **濃稠**
餘韻感：☐短暫 ☐稍微 ☐中等 ☐偏多 ☐非常 **持久**
滑順度：☐粗澀 ☐稍微 ☐中等 ☐偏多 ☐非常 **滑順**
純淨度：☐悶雜 ☐稍微 ☐中等 ☐偏多 ☐非常 **清爽**
細緻度：☐細膩 ☐稍微 ☐中等 ☐偏多 ☐非常 **粗糙**

五、葉底(權重 10%)：＿＿＿＿分

參、品質描述與建議：

＿＿＿＿＿＿＿＿＿＿＿＿＿＿＿＿＿＿＿＿＿＿＿＿

＿＿＿＿＿＿＿＿＿＿＿＿＿＿＿＿＿＿＿＿＿＿＿＿

▼ 附件 9-15

農業部茶及飲料作物改良場 TAGs 學界人才庫建立、回訓及複檢流程圖

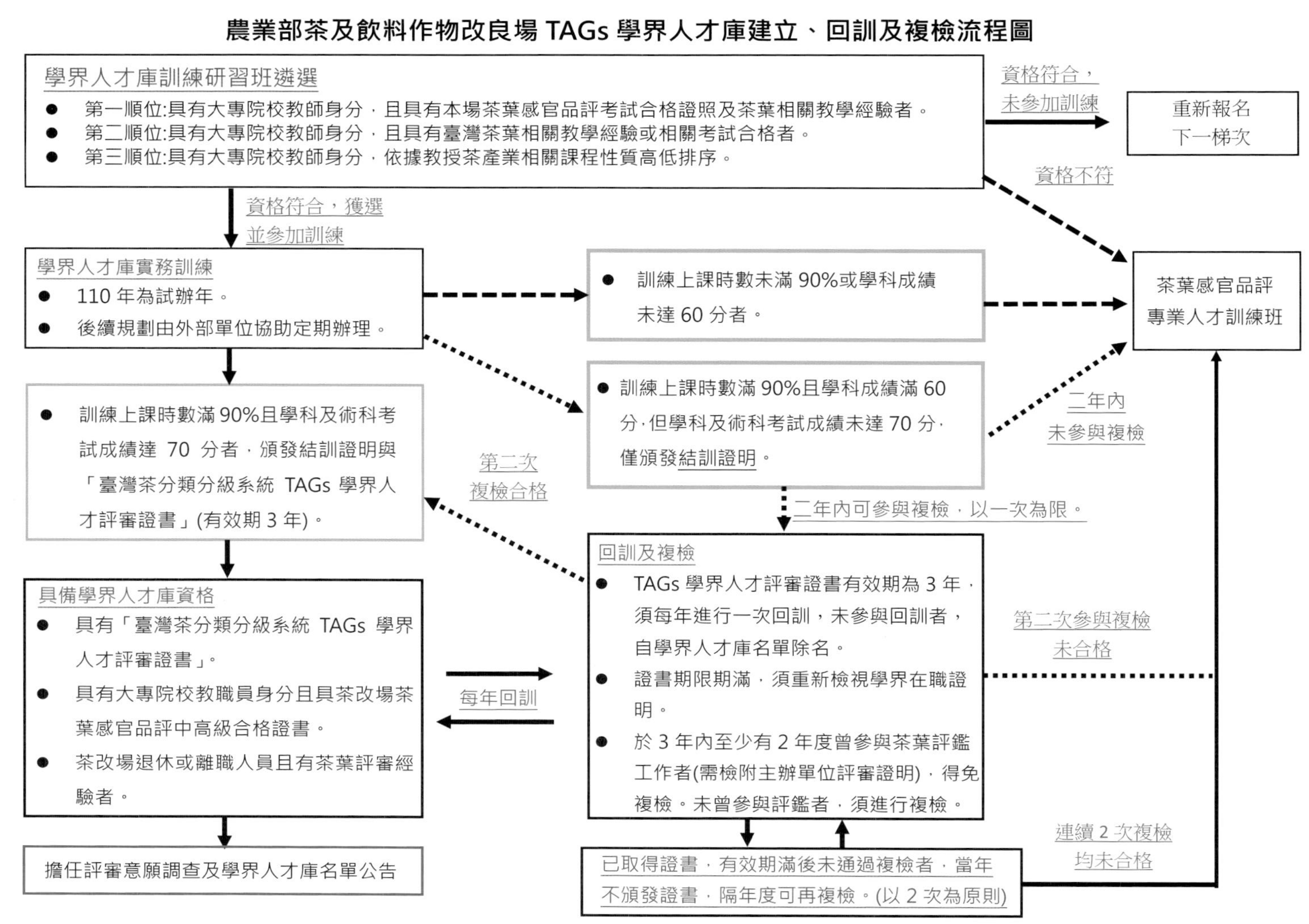

附錄一

中華民國茶葉國家標準（CNS179）

依據 110 年 12 月 7 日修訂公布之中華民國茶葉國家標準（CNS179），茶葉係依其發酵程度之不同予以分類，茶葉分類及代表性茶類如下：

備考：茶葉種類繁多，以下分類僅爲學理上之區分，若有實際茶葉產品分類疑義，仍應送請專業機構（例：農業部茶及飲料作物改良場）辦理鑑定。

（一）不發酵茶類（綠茶）（non-fermented tea (green tea)）

指未發酵的茶葉。即選擇適製茶菁原料，進廠後隨即「殺菁」，並促進茶葉特有之色香味發生，再經「揉捻」、「乾燥」等過程而成者屬之。

（二）部分發酵茶類（包種茶、烏龍茶）（partially fermented tea (paochong tea, oolong tea)）

指部分發酵的茶葉。即選擇適製茶菁原料，進廠後進行適度萎凋及攪拌等「發酵」製程，使茶葉中主要成分「兒茶素類（catechins）」適量減少者，各類「包種茶」、「烏龍茶」屬之。臺灣具特色之部分發酵茶類，相關資料參考附錄 A。

（三）全發酵茶類（紅茶）（fully fermented tea (black tea)）

指全發酵的茶葉。即選擇適製紅茶的茶菁原料，進廠後先行「萎凋」或「切菁」，再經「揉捻」或「捲切」、「發酵」以促進茶葉特有之色香味發生，最後「乾燥」使茶葉中主要成分「兒茶素類」大量減少者屬之。

（四）後發酵茶類（普洱茶或黑茶）（post-fermented tea (pu-erh tea or dark tea)）

以綠茶爲原料經微生物、酵素、濕熱或氧化等後發酵作用之茶葉。可分爲緊壓生茶、緊壓熟茶及散狀熟茶三類，相關分類說明參考附錄 B。

備考：普洱茶的名稱在不同時期、不同地區具有不同意涵，廣義的普洱茶爲所有後發酵茶之泛稱；惟近年來產地國將地理標章與茶葉名稱結合，僅限於特定產區所出產之後發酵茶方得使用普洱茶之名稱，爲狹義之普洱茶，其他地區出產之後發酵茶則稱黑茶。

（五）其他茶類

1. **混合茶**（blended tea）

　　選擇 2 種以上符合本標準之各類茶混合者屬之。

2. **薰芬茶**（scented tea）

　　選擇符合本標準之各類茶，經過薰製法，使茶葉吸收食用花卉或食用香料之香味而成者屬之。

3. **加料茶**（flavored tea）

　　選擇符合本標準之各類茶，經添加天然食用農產品（如水果、香草類等）或食用調味料而成屬之。

4. **其他茶**

　　上述未規範之茶葉屬之。

附錄 A

（參考）

臺灣具特色之部分發酵茶類

屬部分發酵茶類之臺灣特色茶，以加工後即具有天然花香或果香（不需要添加香花或薰芬）而聞名，列舉主要茶葉類別如下（包括但不限於以下列舉者）。

備考 1. 以下茶葉類別係依據茶葉成品之形狀及加工製程加以區別。

備考 2. 過去包種茶泛指輕發酵茶類，烏龍茶泛指重發酵茶類，惟茶類名稱因經長期演變（加工製程改變或消費市場慣稱），該原則已非絕對適用。對於實際產品之分類若有疑義時，應依據其實際加工製程判定或送請專業機構鑑定。

備考 3. A.1～A.3 類別之代表性特色茶依茶葉主管機關公告。

A.1 條形包種茶（stripe-shaped paochong tea）

茶菁原料於日光（或熱風）萎凋後、經數次室內靜置萎凋與攪拌，使茶葉自然轉化出花香、果香、甜香，再進行炒菁、揉捻及乾燥等製程，使茶葉成為條形。

A.2 球形烏龍茶（ball-shaped oolong tea）

球形烏龍茶可區分為清香型球形烏龍茶及焙香型球形烏龍茶。

備考：現稱之球形烏龍茶過去學術上歸類為半球形包種茶，惟目前因加工機具改良，茶葉成品趨近球形，另因消費市場已習稱其為烏龍茶，故現歸類為球形烏龍茶。

A.2.1 清香型球形烏龍茶（fragrant ball-shaped oolong tea）

茶菁原料於日光（或熱風）萎凋後、經數次室內靜置萎凋與輕攪拌，使茶葉自然轉化出花香、甜香、果香，再進行炒菁、初揉、初乾、熱團揉及乾燥等製程，使茶葉成為半球形或球形。

A.2.2 焙香型球形烏龍茶（roasted ball-shaped oolong tea）

茶菁原料於日光（或熱風）萎凋後、經數次室內靜置萎凋與攪拌，使茶葉自然轉化出果香、甜香或花香，再進行炒菁、初揉、初乾、熱團揉及乾燥，使茶葉外觀成爲半球形或球形後，再經烘焙製程，使茶葉帶有焙火香。

A.3 白毫烏龍茶（東方美人茶）（white-tip oolong tea (oriental beauty tea)）

茶菁原料需有一定比例受小綠葉蟬刺吸（叮咬），於長時間日光萎凋後、經數次室內靜置萎凋與攪拌，再進行炒菁、靜置回潤（炒後悶）、揉捻及乾燥等製程，使茶葉自然轉化出蜂蜜及熟果香味。

附錄 B

（參考）

後發酵茶類

後發酵茶依其製程不同，區分類別如下。

B.1 緊壓生茶（compressed naturally aged dark tea）

曬菁綠茶精製後蒸壓成形，再經乾燥、包裝，未經渥堆 (b)，於後續儲藏陳化期間進行後發酵。

註 (b)：渥堆係指透過濕熱作用，轉化茶葉內含物質，加速茶葉後發酵作用。

B.2 緊壓熟茶（compressed pile-fermented tea）

散狀熟茶再經蒸壓成形、乾燥、包裝；另一種製程為曬菁綠茶精製後，經過蒸壓成形、乾燥、後發酵之後包裝，需經儲藏陳化。

B.3 散狀熟茶（loose pile-fermented tea）

曬菁綠茶經長期儲藏陳化或渥堆後發酵再經乾燥、精製及包裝。

附錄二

臺灣茶區辦理優良茶比賽對COVID-19（新冠肺炎）因應指引

（修正自茶改場110年7月26日修訂版）

（一）依據中央流行疫情指揮中心公布之「COVID-19（新冠肺炎）因應指引」，修訂臺灣茶區辦理優良茶比賽對 COVID-19（新冠肺炎）因應指引，請主辦單位應密切注意該中心疫調結果及發布之最新消息，配合調整比賽辦法或防疫應變計畫。

（二）前置作業（報名及繳茶）

1. 將報名形式改爲通訊或網路報名，避免人員接觸。
2. 繳茶作業應拉長時程並須妥善規劃（如人員總量管制、動線規劃及安全距離等），採取分時、分區及分流進行。

（三）茶葉評審作業

1. 因受 COVID-19（新冠肺炎）疫情影響，茶改場派員協助茶葉評審，作業期間將依據中央疫情指揮中心發布相關規定及優良茶比賽評鑑參考模式辦理（附件）。主辦單位在比賽辦法內應載明防疫應變措施，必要時可公告比賽延期或取消。
2. 請主辦單位預擬評審期間評審團及工作人員的衛生防護應變措施，訂定防疫應變計畫，及建立人力與場地備援應變機制，避免評審團成員因染疫導致人力或場地調度困難。
3. 主辦單位應訂定全體評審及工作人員每日健康監測管理計畫及紀錄，並有異常追蹤處理機制；全員應落實自我健康狀況監測，倘有發燒（耳溫≧ 38 ℃；額溫≧ 37.5 ℃）、呼吸道症狀、筋骨酸痛或腹瀉等症狀，應主動報告並避免參與評審作業。
4. 主辦單位每日需完成評審場所空間清潔或消毒作業，並塡寫清潔紀錄表。所有評審團與工作人員進入評審場域前先行量測體　及定時手部消毒。除評審人員之外，所有工作人員工作期間需全程配戴口罩及醫護級手套作業。
5. 品評過程由評審人員各自獨立作業，不得交叉品評，額外增加之器具，請主辦單位預先備妥因應。
6. 防疫期間爲避免增加群聚感染機會，評審場所一律不對外開放參觀，必要時主辦單位得設置即時影像監視系統（直播）供民眾上網觀看評審過程。

（四）開獎公布成績

1. 視疫情發展，報名及繳茶前主辦單位應先公告及宣傳在茶葉評審期間相關衛生防護應變措施與訂定防疫應變計畫。
2. 評審後得邀請地方公正人士或媒體與主辦單位共同開獎。
3. 主辦單位得設置即時影像系統（直播）供民眾上網觀看開獎過程，開獎後主辦單位立即上網公告成績供參賽者查詢。

（五）後置作業（茶葉分級包裝及領茶）

1. 茶葉分級包裝作業時，須採分區獨立分裝（每區作業人員不得超過防疫規定人數），以減少人員集中作業。
2. 領茶作業應拉長時程並須妥善規劃（如總量管制、動線規劃及安全距離等），採取分時、分區及分流進行。

（六）展售或推廣活動

優良茶比賽後推廣或展售活動應先暫緩辦理實體活動，或改爲線上形式辦理。

備註：

1. 優良茶比賽期間相關防疫措施及因應策略應納入比賽辦法內公告周知，如有未盡事宜，主辦單位得另行公告之。
2. 爲因應 COVID-19（新冠肺炎）疫情，優良茶評鑑方法茶改場研擬參考模式如附件，提供給各主辦單位參考。
3. 因應國內 COVID-19（新冠肺炎）疫情警戒提升至第三級，爲降低傳染風險，優良茶評鑑比賽於疫情警戒第三級期間停止辦理，倘評估仍需辦理，縣市政府須督導主辦單位應嚴格落實中央疫情指揮中心所訂相關防疫規範，並確實遵守室內 5 人、室外 10 人以下之社交聚會規定，嚴禁參賽者等人至現場觀賽。

附件：

因應 COVID-19（新冠肺炎）疫情，優良茶評鑑參考模式：

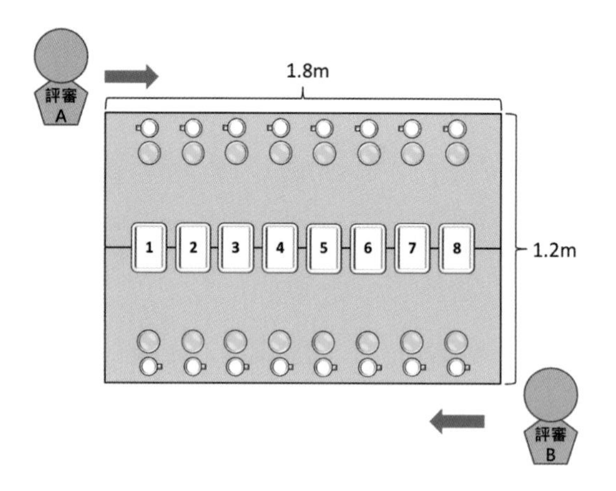

1. 審茶盤置於中間，兩邊各備一份評鑑杯組，沖泡後由評審人員個別品評。
2. 評審相距 1.2 公尺以上，個別從兩側開始品評（形、色、香、味）。
3. 個別記錄評分後再統計進行分級；或品評人員討論及確立等級後記錄。

國家圖書館出版品預行編目（CIP）資料

臺灣茶葉感官品評實作手冊 / 農業部茶及飲料作物改良場編著. -- 三版. -- 臺北市 : 五南圖書出版股份有限公司出版 ; 桃園市 : 農業部茶及飲料作物改良場發行, 2024.09

面 ; 公分

ISBN 978-626-366-694-8(平裝)

1.CST: 製茶 2.CST: 茶葉 3.CST: 茶藝

439.4　　　　112016761

5N45

臺灣茶葉感官品評實作手冊

發 行 人 — 蘇宗振

主　　編 — 郭婷玫、林金池

著　　作 — 蘇宗振、邱垂豐、吳聲舜、楊美珠、林金池、郭芷君、黃宣翰、林義豪、賴正南、郭婷玫、阮逸明、羅士凱

編　　審 — 蘇宗振、邱垂豐、吳聲舜、史瓊月、蔡憲宗、楊美珠、林金池、劉天麟、黃正宗、林儒宏、蕭建興、蘇彥碩、賴正南

發行單位 — 農業部茶及飲料作物改良場

地址：326 桃園市楊梅區埔心中興路 324 號

電話：(03) 4822059

網址：https://www.tbrs.gov.tw

出版單位 — 五南圖書出版股份有限公司

美術編輯 — 何富珊、徐慧如、王麗娟、陳亭瑋、封怡彤

印刷：五南圖書出版股份有限公司

地址：106 台北市大安區和平東路二段 339 號 4 樓

電話：(02) 2705-5066　　傳真：(02) 2706-6100

網址：https://www.wunan.com.tw

電子郵件：wunan @ wunan.com.tw

劃撥帳號：01068953

戶名：五南圖書出版股份有限公司

法律顧問　林勝安律師

出版日期　2021年12月初版一刷

2022年 1 月二版一刷（共三刷）

2024年 9 月三版一刷

2025年 2 月三版二刷

定　　價　新臺幣380元

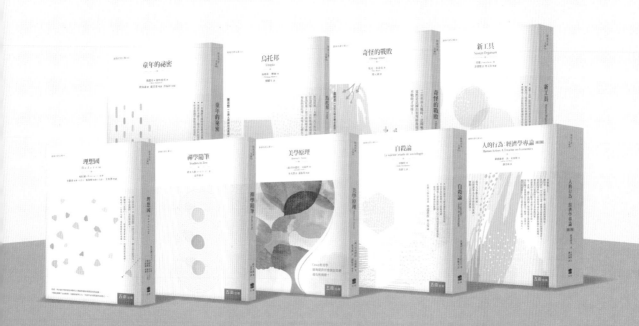